U0212723

国家出版基金项目
NATIONAL PUBLICATION FOUNDATION

博物馆里的中国

破译化石密码

宋新潮　潘守永／主编

匡学文　张云霞　孙博阳／编著

天津出版传媒集团

新蕾出版社

图书在版编目 (CIP) 数据

破译化石密码 / 匡学文, 张云霞, 孙博阳编著. --
天津 : 新蕾出版社, 2015.9 (2023.3 重印)
 (博物馆里的中国 / 宋新潮, 潘守永主编)
 ISBN 978-7-5307-6258-5

Ⅰ. ①破… Ⅱ. ①匡… ②张… ③孙… Ⅲ. ①化石-
青少年读物 Ⅳ. ①Q911.2-49

中国版本图书馆 CIP 数据核字(2015)第 208545 号

书　　名：破译化石密码　POYI HUASHI MIMA
出版发行：天津出版传媒集团
　　　　　新蕾出版社
http://www.newbuds.com.cn
地　　址：天津市和平区西康路 35 号(300051)
出 版 人：马玉秀
电　　话：总编办 (022)23332422
　　　　　发行部 (022)23332351　23332679
传　　真：(022)23332422
经　　销：全国新华书店
印　　刷：天津海顺印业包装有限公司
开　　本：787mm×1092mm　1/16
字　　数：119 千字
印　　张：12
版　　次：2015 年 9 月第 1 版　2023 年 3 月第 15 次印刷
定　　价：36.00 元

1

序

在这里，读懂中国

　　博物馆是人类知识的殿堂，它珍藏着人类的珍贵记忆。它不以营利为目的，面向大众，为传播科学、艺术、历史文化服务，是现代社会的终身教育机构。

　　中国博物馆事业虽然起步较晚，但发展百年有余，博物馆不论是从数量上还是类别上，都有了非常大的变化。截至目前，全国已经有超过4000 家各类博物馆。一个丰富的社会教育资源出现在家长和孩子们的生活里，也有越来越多的人愿意到博物馆游览、参观、学习。

　　"博物馆里的中国"是由博物馆的专业人员写给小朋友们的一套书，它立足科学性、知识性，介绍了博物馆的丰富藏品，同时注重语言文字的有趣与生动，文图兼美，呈现出一个多样而又立体化的"中国"。

　　这套书的宗旨就是记忆、传承、激发与创新，让家长和孩子通过阅读，爱上博物馆，走进博物馆。

记忆和传承

　　博物馆珍藏着人类的珍贵记忆。人类的文明在这里保存，人类的文化从这里发扬。一个国家的博物馆，是整个国家的财富。目前我国的博物馆包括历史博物馆、艺术博物馆、科技博物馆、自然博物馆、名人故居博物馆、历史纪念馆、考古遗址博物馆以及工业博物馆等等，种类繁多；数以亿计的藏品囊括了历史文物、民俗器物、艺术创作、化石、动植物标本以及科学技术发展成果等诸多方面的代表性实物，几乎涉及所有的学科。

如果能让孩子们从小在这样的宝库中徜徉，年复一年，耳濡目染，吸收宝贵的精神养分成长，自然有一天，他们不但会去珍视、爱护、传承、捍卫这些宝藏，而且还会创造出更多的宝藏来。

激发和创新

博物馆是激发孩子好奇心的地方。在欧美发达国家，父母在周末带孩子参观博物馆已成为一种习惯。在博物馆，孩子们既能学知识，又能和父母进行难得的交流。有研究表明，12 岁之前经常接触博物馆的孩子，他的一生都将在博物馆这个巨大的文化宝库中汲取知识。

青少年正处在世界观、人生观和价值观的形成时期，他们拥有最强烈的好奇心和最天马行空的想象力。现代博物馆，既拥有千万年文化传承的珍宝，又充分利用声光电等高科技设备，让孩子们通过参观游览，在潜移默化中学习、了解中国五千年文化，这对完善其人格、丰厚其文化底蕴、提高其文化素养、培养其人文精神有着重要而深远的意义。

让孩子从小爱上博物馆，既是家长、老师们的心愿，也是整个社会特别是博物馆人的责任。

基于此，我们在众多专家、学者的支持和帮助下，组织全国的博物馆专家编写了"博物馆里的中国"丛书。丛书打破了传统以馆分类的模式，按照主题分类，将藏品的特点、文化价值以生动的故事讲述出来，让孩子们认识到，原来博物馆里珍藏的是历史文化，是科学知识，更是人类社会发展的轨迹，从而吸引更多的孩子亲近博物馆，进而了解中国。

让我们穿越时空，去探索博物馆的秘密吧！

潘守永

2014 年 2 月于美国弗吉尼亚州福尔斯彻奇市

神奇的史前生命之旅

"我是谁？我从哪里来？又到哪里去？"

我们每个人生来就会面对这三个问题，这些问题看似简单，想找到确切的答案，却不那么容易，人类也一直在孜孜不倦地探索着自身的起源问题。今天，我们来一场史前游历，借此机会来探寻这三个问题的答案。

让我们进入时间隧道，穿越到地球之始——这个隧道以生命演化为主题，以地质年代为线索，利用时光追溯的方式，将我们带入史前生命世界。生命的诞生是地球历史中最神奇的一幕，而生命的演化与发展又是地球历史中最为动听的乐章。地球经历了大约46亿年的漫长历程，从最初的单调、冷寂发展到今天的色彩斑斓、生机盎然。

从地球上第一个单细胞生物的出现，到发展出结构稍微复杂的多细胞生物，就占去了地球历史上大约

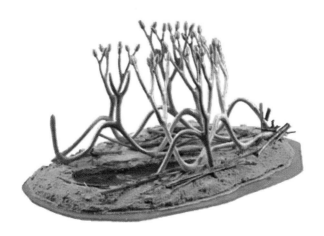

四分之三的时光。5亿多年前,最早的脊椎动物——无颌类诞生在寒武纪海洋中,蔚蓝色的海洋不仅孕育了地球上最初的生命,也见证了这个生物演化史上的重大事件。

由于有了脊椎的支撑,动物们更加坚强和灵活,适应性也更强,为以后漫长的演化奠定了基础。4亿多年前,"颌"的出现把鱼类推上了历史的舞台,古生代的海洋便成为鱼的世界。随后开始了脊椎动物征服陆地环境的尝试,最早的四足动物——两栖类也因此而产生。在距今4亿年至3亿年前,第一枚"羊膜卵"的诞生,标志着爬行动物从此摆脱对水的依赖,更加适应陆地生活。中生代登场的是恐龙、鸟类和哺乳动物,之后漫长的演化,智慧的古猿为了生存站立起来,开始两足行走,大脑更加聪明,渐渐进化成了现在的我们。

如果要追溯地球上生命演化和发展的故事,我们必须依靠古生物化石。化石是地质时期生物生存、活动过程中遗留下来的遗体或遗迹,是30多亿年来地球及其生命演化的实证,也是地球留给人类宝贵的、不可多得的自然遗产。广袤的中国大地,孕育了门类繁多的生物,是古生物化石的"宝库",目前,我国古生物化石的研究水平和研究成果均已是国际领先。

在我国云南发现的澄江动物群,在国内外科学界和公众中引起了强烈反响,对它的发现与研究,也使澄江动物群被誉为"20世纪最惊人的发现之一"。德国著名古生物学家赛拉赫教授指出:"寒武纪大爆发是生命历史中最伟大但也是了解得最少的生物事件,中国拥有解开这个谜的线索。"2012年云南澄江动物

群被列入《世界自然遗产名录》。

在我国辽宁西部地区发现的中华龙鸟，世界最早的带羽毛的恐龙——赫氏近鸟龙，原始鸟类——孔子鸟，迄今为止发现的世界上最早的花——辽宁古果，中华古果和十字里海果，以及世界上最早的真兽类哺乳动物——攀援始祖兽都引起了世界的广泛关注，对研究全球生命演化的重大理论问题，如鸟类起源、被子植物起源、哺乳动物的早期演化等，都起到了关键的推动作用。由于惊人而神奇的世界级古生物化石的出现，辽西地区也被誉为地球上"第一只鸟起飞的地方"和"第一朵花盛开的地方"。精美的中国化石为生命史书增添了新的篇章。

远古的生命已经逝去，留下的是纷繁各异的化石，科学家们借助这些蛛丝马迹还原了令人惊心动魄的生命史实。我们的故事从地球家园生命的诞生开始，通过各种古生物化石来反映家园中各种远古生命的发展演化过程。让奇妙的化石带领我们踏上探寻远古生命之旅！

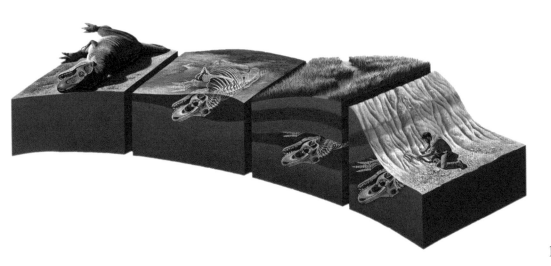

目录

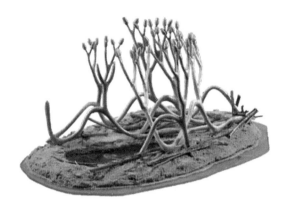

第一章
你不可不知的化石知识

化石是保存在地层中的古代生命的遗体、遗迹。如果把层层的岩石比喻成一本书,化石就是书中的文字,记录着生命的历史。

[小知识] 什么是化石？

　　化石是保存在地层中的古代生命的遗体、遗迹。化石通常保存了生物的硬体形态，原来生物体内的成分已经被外界的矿物质所取代。古生物学家正是通过对化石的研究了解了丰富多彩的史前生命世界。

[小知识] 化石是怎样形成的？

　　生物死亡以后，如果暴露在空气中，遗体很快就会腐烂，只有那些在水环境中保存的生物遗体才有可能形成化石。这些生物遗体需要被迅速掩埋,之后随着地质环境变化,保存生物遗体的地层被压紧,然后在地下水的作用下生物遗体与周围的矿物质发生物质交换,使体内的有机成分完全被置换成无机成分,化石就形成了。地层形成时是水平的,地壳运动使它们倾斜了、褶皱了、断裂了,化石才能出露地表,被人们发现(图1)。

图 1　化石的形成

这层层的岩石好像是一本书,化石就是书中的文字,记录着生命的历史(图2)。

地层是地壳发展历史的天然记录。一般情况下,下面的岩层先沉积,年代比较古老,上面的岩层后沉积,年代比较新。在

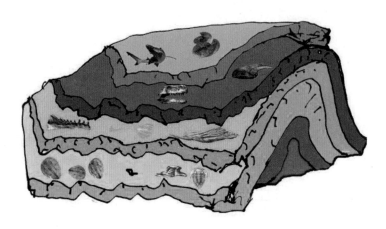

图 2 "化石书"

同一个地点,不同的岩层代表不同时代的沉积。地层中往往包含化石,不同的岩层含有不同的化石。科学家也可以根据岩层中的化石来判断地层的年代(图 3)。

1. 三角龙
2. 霸王龙
3. 剑龙
4. 虚骨龙

图 3 含有不同时代恐龙化石的地层示意图

[小知识] 什么是标准化石？

在化石地层中，那些演化迅速、分布广泛、数量大的化石叫作标准化石。由于这些形成化石的古生物演化速度快，不同的地质时代会产生不同的类型，所以，一个特定的形态类型就代表一个时代。比如莱德利基虫化石保存在寒武纪地层中，王冠虫化石保存在志留纪地层中，微小欣德牙形刺（图4）的出现标志着三叠纪的开始。

图4 微小欣德牙形刺及其模型

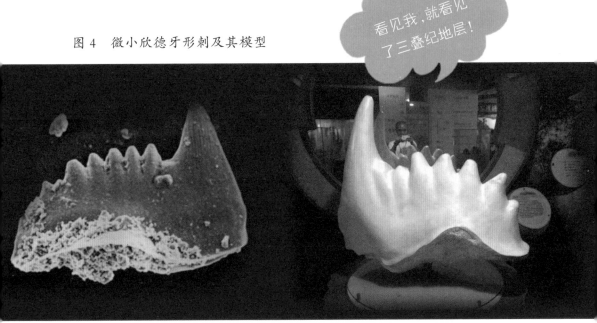

看见我，就看见了三叠纪地层！

地质年代表

宙	代	纪	世	距今大约年代（百万年）	主要生物演化
显生宙	新生代	第四纪	全新世	现代 0.01	人类时代　现代植物
			更新世	2.5	
		新近纪	上新世	5.3	哺乳动物　被子植物
			中新世	23	
		古近纪	渐新世	33	
			始新世	56	
			古新世	66	
	中生代	白垩纪	晚		爬行动物　裸子植物
			早	145	
		侏罗纪	晚		
			中		
			早	201	
		三叠纪	晚		
			中		
			早	252	
	古生代	二叠纪	晚		两栖动物　蕨类
			中		
			早	298	
		石炭纪	晚		
			中		
			早	358	
		泥盆纪	晚		鱼　裸蕨
			中		
			早	419	
		志留纪	晚		
			中		
			早	443	
		奥陶纪	晚		无脊椎动物
			中		
			早	485	
		寒武纪	晚		
			中		
			早	541	
元古宙	元古代			800	古老的菌藻类
				2500	
太古宙	太古代			4000	
冥古宙				4600	

[小知识] 地球的生物群更替

　　地球历史按生物的存在情况分为隐生宙和显生宙,5亿多年前的寒武纪之前的地球仅留下了极少的生物存活记录,被称为隐生宙(包括元古宙、太古宙和冥古宙);寒武纪至今有丰富的生物化石记录的时期,被称为显生宙。

　　显生宙包括古生代、中生代和新生代三个重要的时代,分别由不同种类的动植物占据统治地位:菌藻和无脊椎动物(图5),早期维管植物和鱼类(图6),蕨类植物和两栖动物(图7),裸子植物和爬行动物(图8),被子植物和哺乳动物(图9)。

图 5　菌藻和无脊椎动物

图 6　早期维管植物和鱼类

图 7　蕨类植物和两栖动物

图 8　裸子植物和爬行动物

图 9　被子植物和哺乳动物

[小知识] 地球的历史

为了更直观形象地向人们展示地球的历史,现在比较流行

假如把地球的

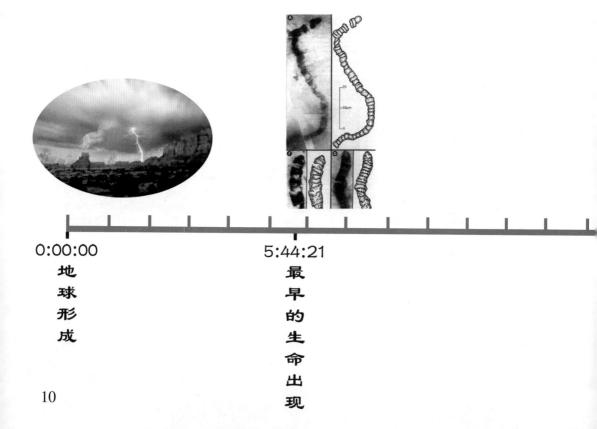

0:00:00
地球形成

5:44:21
最早的生命出现

的方法是把地球的历史比作一天,即 24 小时,各个重要的时间段按照相对整个历史的比例来换算成一天中的时间(图10)。如果这样计算,人类在这"一天"中出现的时间只有短暂的"几秒"!

图 10　把地球历史比作一天

历史比作一天

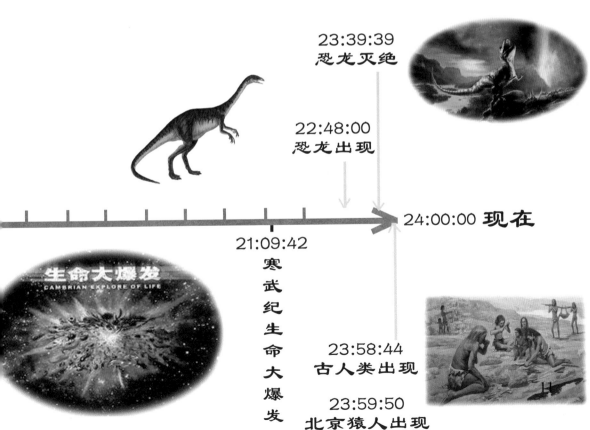

23:39:39
恐龙灭绝

22:48:00
恐龙出现

24:00:00　现在

21:09:42
寒武纪生命大爆发

生命大爆发
CAMBRIAN EXPLORE OF LIFE

23:58:44
古人类出现

23:59:50
北京猿人出现

11

[小知识] **生物大灭绝**

　　生物大灭绝是指在一个相对短暂的地质时段中，在一个及一个以上较大的地理区域范围内，生物数量和种类急剧下降的事件。地球上曾发生过至少 20 次明显的生物灭绝事件，其

中有 5 次大的集群灭绝事件,即发生在奥陶纪末期、泥盆纪晚期、二叠纪末期、三叠纪末期和白垩纪末期的生物大规模灭绝(图 11)。由于人类的破坏活动,现今物种灭绝的速度估计是地球演化年代平均灭绝速度的 100 倍,被称为第六次生物大灭绝。

14

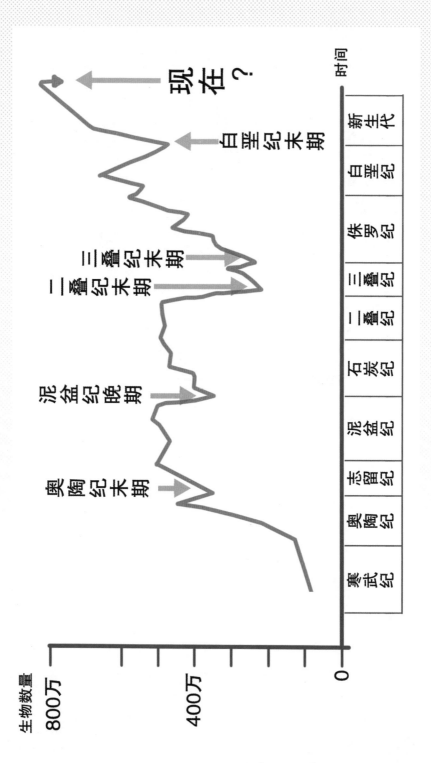

图 11　生物灭绝曲线

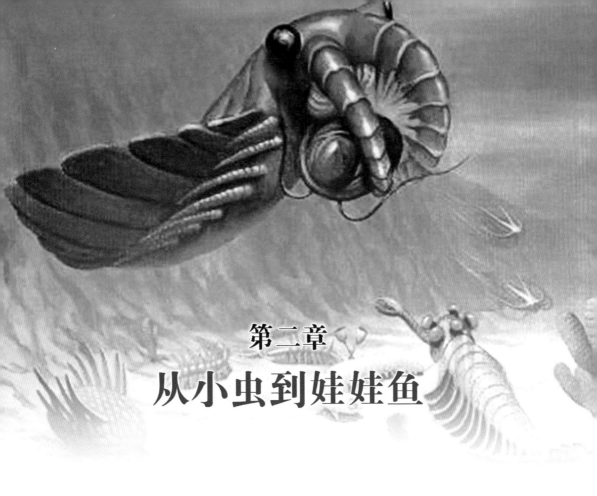

第二章
从小虫到娃娃鱼

寒武纪生命大爆发之后,无脊椎动物成了古海洋中的"主人"。很多无脊椎动物以燎原之势,在古生代广阔的海洋中发展壮大起来。"早期海洋巨无霸"奇虾就生活在那个年代。

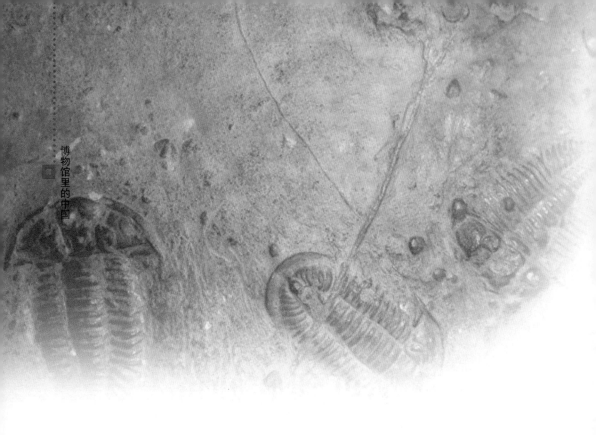

时空穿越到我们的远古家园，那个时候的地球和现在是完全不一样的。46亿年前，也就是生命诞生前的地球是一个炽热的火球，频繁遭受陨石撞击和火山活动影响，到处是灼热的岩浆。地球上没有氧气、海洋和陆地，是一片无生命的荒凉沉寂的世界。大约经历了十几亿年后，地球逐渐冷却下来，并且有了水和空气，成为孕育生命的摇篮。

地球上出现最早的生命是原核生物，那是一类没有成形细胞核的单细胞生物，包括蓝藻、细菌等。距今36亿年前的太古宙，海洋中的蓝藻十分繁盛，它们通过光合作用释放的氧气促使大气层中氧气含量增加。这些地球上生存着的单细胞生物,它们的这个细胞已经获得含有遗传信息的脱氧核糖核酸、蛋白质和一切生命所必需的物质，这些单细胞生物是地球上一切生物的共同祖先,是最原始的生命形式。之后又历经了数十亿年,蓝藻完成地球生命"革命性"的大转变,继而到来的是真核生物,它们引领着生态环境的大转变。

遥远的生命记录

迄今为止发现的最古老的生物化石是在距今 35 亿年的澳大利亚北部硅质叠层石中发现的一些丝状细菌和蓝藻的遗骸(图 12)。

据科学家估计,在细胞出现之前,可能就已经存在着一种没有细胞膜的准生命体,类似于现在的病毒。所以出现在 38 亿年至 37 亿年前的病毒可能是地球

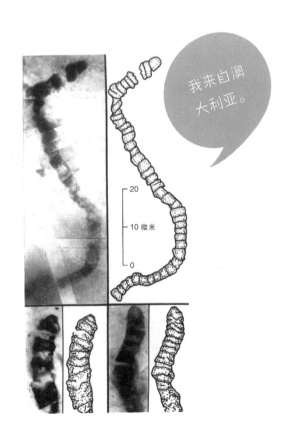

图 12 最古老的生物化石

上最早的准生命。

　　生命出现以后一直在海洋中繁衍生息，所以海洋是孕育生命的摇篮。起初是没有细胞核的原核生物，主要是蓝藻和细菌，在元古宙的海洋中特别繁盛。蓝藻经常与细菌一起生活，它们相互作用形成的圈层构造称为同心藻，形成的化石叫作叠层石。

记录远古时间的钟——叠层石

藏于天津自然博物馆（图 13—图 14）

图 14　叠层石的纹理

你们看我的纹理，像不像一摞扣放的碗？告诉你们，我已经 10.5 亿岁啦！

图 13　天津自然博物馆中的叠层石

天津自然博物馆里有块叠层石，产自天津蓟县，它可是高龄啊，距今 10.5 亿年，重量为 19.8 吨。

它是这个样子的——

你们会问叠层石是什么？它又是怎样形成的？告诉你们吧，叠层石属微生物岩，是蓝藻、细菌等微生物群体在某些环境中，由于它们的活动和各种物理、化学作用而形成的一种成层的生物沉积构造。

在元古代早期，海洋中除了单细胞的蓝绿藻外，还有蓝色的藻丝，它们在浅而明净的海底，堆积起竹笋状的叠层石。在加拿大安大略冈弗林组的地层中，就发现了距今 20 亿年的有丝状蓝绿藻叠层石，由这些藻类组成的叠层石，在我国中、新元古代亦分布很广（图 15—图 16）。

图 15　当时叠层石密布在浅海底上的复原图

第二章　从小虫到娃娃鱼

19

图 16　澳大利亚西部鲨鱼湾的现代叠层石

　　大家看,叠层石的纹理是有规律的曲线和折线。那是怎么回事啊? 由于藻类生长具有趋光性,叠层石的生长方向显然受光照方向影响,白天阳光充足,藻类的光合作用强,并且向光生长,所以藻丝体向上生长;夜晚光线弱,藻丝体匍匐生长,藻类在生长过程中会产生一些黏性分泌物把矿物颗粒黏结住,这样就形成叠层石中的明暗纹层。

它的作用很大很大——

　　别小看这块石头啊,它可是赫赫有名的古生物钟! 叠层石具有清楚的生长节律,而且由小到大至少可划分出三个级别,即"基本层""基本层组"和"叠层石带"。它们分别被解释为昼夜节律、月节律和年节律。根据月节律中的昼夜节律数和年节律中的月节律数，可以得出的初步结论是，在13亿年以前，古月球绕古地球旋转一周至少需要42天；古地球绕古太阳公转一周，古地球至少要自转546周，古月球绕古地球至少要旋转13周；古地球自转一周最多仅需要16.05小时。那时的一天比现在短得多！

天津蓟县中、新元古界蓟县剖面，由于产出丰富，号称叠层石宝库，国内外博物馆、地质院校里看到的叠层石标本多是来自这里，受到中外地质学家的赞誉。对叠层石的深入研究，对于进行地层划分与对比，以及对探索地球上早期生命活动都有着极其重要的意义。2013年，蓟县的叠层石成为天津市市石，并被命名为"津石"。

由这些叠层石组成的石灰岩，将其表面磨光后十分漂亮，花团锦簇，如云似雾，极富感染力，是高级的装饰材料，北京人民大会堂的墙壁、廊柱就是用叠层石装饰的。

睁眼看世界的"虫"——三叶虫

藏于中国地质博物馆（图 17—图 19）

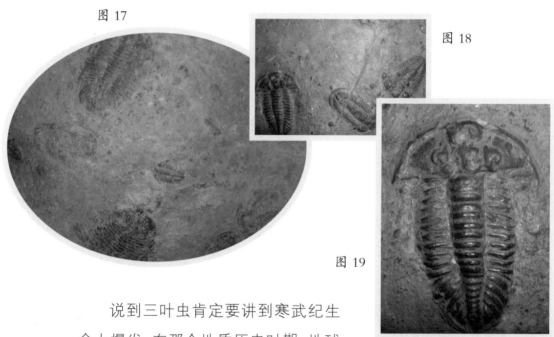

图 17

图 18

图 19

　　说到三叶虫肯定要讲到寒武纪生命大爆发，在那个地质历史时期，地球上涌现出大量的海洋无脊椎动物，我国的澄江动物群就是证据之一。1984 年，我国科学家侯先光、陈均远等在云南澄江发现了大量无脊椎动物和一些脊椎动物的早期类型，它们距今约 5.2 亿年，包括海绵动物、腔肠动物、环节动物、软体动物、节肢动物、棘皮动物和脊索动物，以及一些分类不明确的奇异类群。澄江动物群化石丰富，更以多门类海洋动物软躯体的罕见保存为特色，是迄今为止世界上已知少数几个珍贵无脊椎动物化石产地之一，曾被誉为20世纪最惊人的发现之一。

它是这个样子的——

三叶虫是已灭绝的节肢动物，生活在寒武纪到二叠纪的海洋中，三叶虫最小的不足1厘米，最大的可接近1米，典型的大小在2厘米至7厘米间。目前已知保存完整的最大三叶虫是产自加拿大奥陶纪形成地层中的霸王等称虫，长720毫米，宽400毫米。

三叶虫背甲纵向分为中部微凸的轴叶和两侧的肋叶三部分，故名三叶虫。自前而后又可分为头甲、胸甲和尾甲三部分。头甲轴部(头鞍)的两侧为颊部，多数具有发达的眼。每个胸节均有附肢，但很少能保存成为化石，三叶虫的外骨骼可以蜷曲，以保护自身(图20)。三叶虫化石是寒武纪地层中常见化石，寒武纪也因此被称为"三叶虫的时代"(图21)。

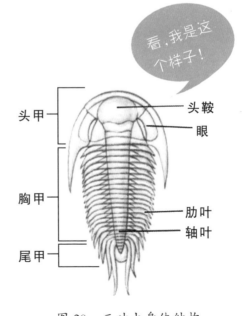

看，我是这个样子！

头甲 — 头鞍

眼

胸甲

尾甲 — 肋叶 — 轴叶

图20　三叶虫身体结构

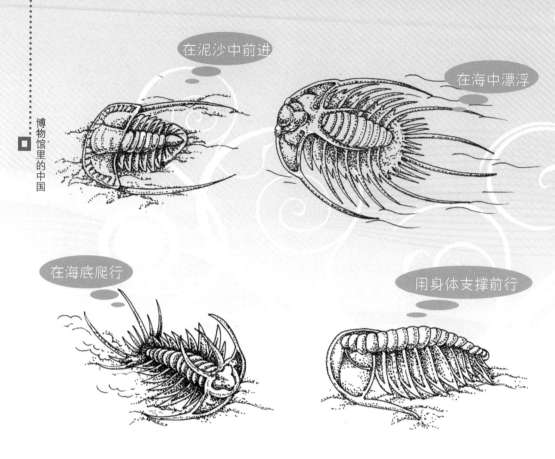

在泥沙中前进

在海中漂浮

在海底爬行

用身体支撑前行

图 21　三叶虫的几种生活方式

最早的眼睛——

　　人和动物为什么会有眼睛呢？原来眼睛可能是受动物快速运动所诱导，在环境压力下产生的一种构造。眼睛的出现不仅有利于追捕和跟踪，同时也有利于猎物逃避捕食者的追捕。寒武纪中期，三叶虫已经成为巨型肉食动物捕食的对象，眼睛成了它们迅速躲避捕食者的"秘密武器"。

　　寒武纪早期就出现的三叶虫，在寒武纪和奥陶纪最为繁盛，随后开始走向衰退，直到二叠纪末灭绝。寒武纪时代的一

原来你这么美！

群精灵，穿越5.2亿年的时光隧道与我们约会，这些曾经鲜活的生命以化石的形式无声地诉说着一段段精彩的生命故事。历经5.2亿年的沧桑变幻，岁月没有让它们苍老，它们的眼睛依然明亮，皮肤依然光鲜，神经依然清晰(图22)。

图22　澄江动物群海底生物模拟景观图

早期海洋中的巨无霸——奇虾

藏于南京古生物博物馆(图23—图24)

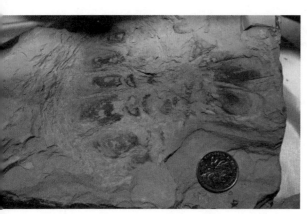

图23　奇虾的口器　　　　　　　图24　奇虾的前附肢

5.2亿年前的海洋中,最凶猛的捕食者莫过于奇虾了。

作为早期海洋中的巨无霸,奇虾成为地球历史上最古老的食肉类动物,它不仅体形很大,而且具有一对攻击力很强的原螯(áo)肢,用于捕杀猎物。奇虾排泄出来的球形粪便中,常发现有三叶虫和瓦普塔虾的碎片。可见它是当时海洋中当之无愧的最庞大、最凶猛的巨型食肉类动物。

它是这个样子的——

奇虾头的前上方有一对带柄的巨眼,头的下方中央有一个由32个外唇极组成的圆环形口器,直径25厘米的大嘴可

26

掠食当时任何大型的生物，口中有环状排列的外齿，对那些有矿化外甲保护的动物构成了重大威胁。它虽不善行走，但能快速游泳。这得益于它拥有的一对分节的用于快速捕捉猎物的巨型前肢、美丽的大尾扇和一对长长的尾叉。奇虾是地球历史中最早出现的巨型食肉类动物，具有很强的肢解能力。奇虾的捕食器由多达 14 个肢节组成，口的直径最大可达 25 厘米，通过左右挟持的方式捕获猎物，并肢解猎物。奇虾的出现成为寒武纪动物的演化动力，使动物防御方式和肉食性动物攻击能力都有所提高。

吃肉的来啦，快跑！

奇虾的食谱中也包括其他食肉类动物。它有那么大的身体，那么大的嘴巴，还有那样一对巨大的捕食器官，可以捕食当时最大的活物，绝对不会只吃处于食物链最底端的生物，更何况，它的前肢太粗，抓取微小食物反而不是那么容易。

未解之谜

没有人会认为，在当时的海洋中，奇虾不是"适者"。它可以称得上是海洋中的"巨无霸",处在食物链的顶端,能够轻而易举地猎获足够的食物,却没有其他生物可以威胁它的生存。但是,就像在陆地上曾经占统治地位的恐龙一样,奇虾也早已灭绝了。究竟它是在什么时候,因为什么永远从地球上消失的? 这是又一个没有解开的谜(图25—图27)。

图 25　奇虾复原图

图 26　捕食中的奇虾

唉,不得不进化啊,要不肯定被吃掉!

图 27　澄江动物群海底生物模拟景观图

九眼精灵——微网虫

藏于南京古生物博物馆（图 28）

图 28　中华微网虫化石

它是这个样子的——

　　看，这是中华微网虫化石，产地是云南澄江，时代是寒武纪早期。微网虫属于叶足门动物。虫体呈次圆柱形，两侧有 9 对圆形或卵圆形的网状小骨片，每个网眼中有一个圆管构造，可能具有类似于节肢动物复眼的感光作用，有 8 对不分节的腿与 8 对骨片相对应，第 9 对骨片对应第 9、第 10 两对腿。每条腿末端有两个爪尖。头部呈长锥形，向前端变细，口小，位于前端，尾部有一小尾突，肠道贯穿全身。

　　微网虫被誉为"九眼精灵"，是因为它的身上有 9 对多边形的网状骨片,有些专家认为,这些骨片是具有感光作用的多眼,所以有了"九眼精灵"的美称(图29)。不过动物的眼睛一般集中在头部,和微网虫类似的生物至今在地球上还没有找到。

眼睛多了才看得清嘛!

图29 微网虫复原图

化石明星

图30 英国《自然》杂志封面

因为缺少软体组织,微网虫身上的这些网状骨片被赋予了许多离奇解释:一是包壳类群体生物,二是储卵仓,三是动物表皮的骨片,甚至被认为是最早的放射虫。在澄江发现的完整微网虫化石令人惊讶,因为谁也想不到,这些奇形怪状的骨片竟然长在毛状动物的身上。因此,微网虫荣登英国《自然》杂志封面,成为化石明星(图30)。

《纽约时报》曾刊登过这样一段话:"一些寒武纪生物很容易就扮演科幻小说里的角色,最奇怪的家伙就是一种身上长着10对足和覆盖有鳞片状骨骼的蠕形动物。"说的就是微网虫!

天下第一鱼——海口鱼

藏于西北大学博物馆(图31)

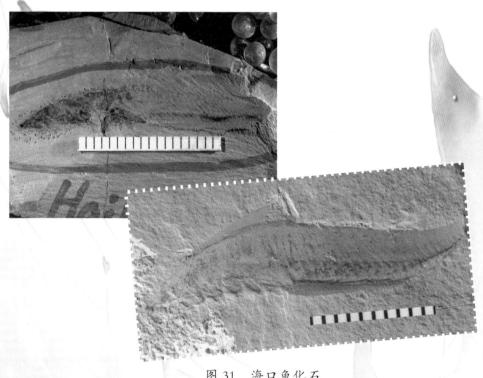

图31　海口鱼化石

最古老最原始的脊椎动物是昆明鱼目中的海口鱼,它是所有脊椎动物的祖先。

它是这个样子的——

　　海口鱼体长 4 厘米左右，其特殊之处在于有一条柔软的脊索。生活习性大致和现代文昌鱼相似，喜欢采取钻入沙中的方式来躲避天敌，通过露出脑袋来吸取、滤食浮游生物。因其动作灵活，在寒武纪时拥有相当大的生存优势。有科学家研究发现海口鱼有可能也是食腐动物或者说是海洋里的清道夫（清洁工），因为它的小嘴用途比较多样，不但可以滤食细菌，还可以刮下肉末呢（图 32）。

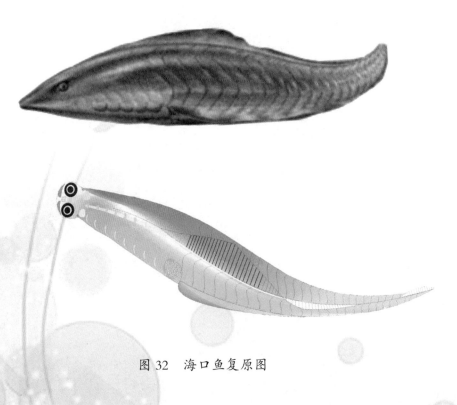

图 32　海口鱼复原图

脊椎动物的特质就是演化出了脊索，在当时，我们的祖先没有选择坚硬的盔甲，反而长出背部的脊索以便弹性地应付这个世界；又因为舍弃盔甲选择智能，所以长出个大脑来，以更好地适应这个世界。脊索与大脑，成为无脊椎动物与脊椎动物的最大区别，而海口鱼兼具这两种构造，它被认为是生物演化过程中一个非常重要的环节，也是无脊椎动物向脊椎动物演化的典型过渡代表。

在5亿多年的繁衍中，脊椎动物是这样演化的——从无颌到有颌，由水体侵入陆地、空中，从冷血到温血，从卵生到胎生，演化台阶步步提升。而驱动以上这些演化的核心力量是什么呢？就是智慧的大脑和坚强而灵活的中轴脊柱。所有这些演化的始点都可追溯至"天下第一鱼"（图33）。得益于"第一鱼"的脑和脊索创新，才会有中生代的恐龙称霸地球，才会有新生代鸟类和哺乳类雄踞海陆空，才会有今日人类用智慧君临天下的辉煌。

因为海口鱼的发现填补了无脊椎动物向脊椎动物演化的

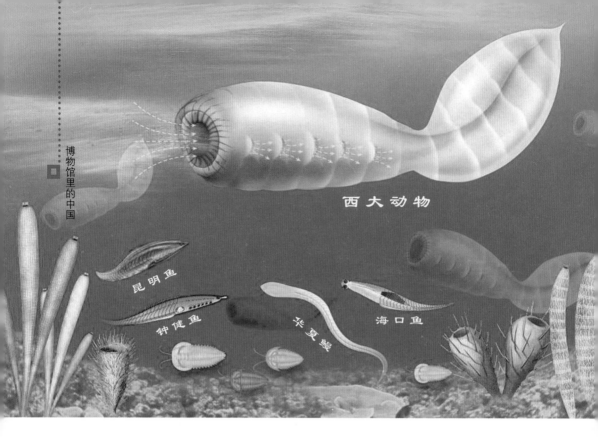

西大动物

昆明鱼

钟健鱼

华夏鳗

海口鱼

图33　早期海洋世界模拟景观图

中间阶段的空白,所以它被英国《自然》杂志誉为"天下第一鱼",海口鱼的发现对达尔文的进化理论也是一种补充呢。只有拇指般大小的海口鱼,不愧是生命演化史上的巨人。

潇洒艰辛五亿载,人鸟共祭第一鱼。现在,鱼文化可是西北大学博物馆的馆标哟(图34)!

图34　西北大学博物馆馆标

凝固的"花"——海百合

藏于中国地质大学逸夫博物馆（图 35）

小贴士：它的全名叫关岭创孔海百合，来自我国的贵州关岭地区，岁数有 2.3 亿岁了，现在落户在中国地质大学逸夫博物馆，这块百合壁保存完整，非常醒目，它长 5 米，宽 3 米，15 平方米的面积让它与众不同。

图 35 关岭创孔海百合化石

寒武纪生命大爆发之后，无脊椎动物成了古海洋中的"主人"。种类繁多的无脊椎动物以燎原之势，在 4.5 亿年前的古生代广阔的海洋中迅猛地发展壮大起来。海百合就是生活在古生代的海洋无脊椎动物。

不是植物，是动物——

海百合有一个美丽的名字，大家不禁会想，它是不是一种植物呢？其实海百合并不是植物。海百合大多生活在 400～500

米深的海水中，因为它们的样子类似百合花，又生活在海洋中，所以被叫作海百合，是一种始见于奥陶纪的棘皮动物。它们的表皮上长有防护性的突出棘刺，就像海参、海胆一样。海百合生活在海里，有多条腕足，身体呈花状，表面有石灰质的壳，身体上有一个像植物茎一样的柄，柄上端羽状的东西是它们的触手，也叫腕。这些触手就像蕨类植物的叶子一样，迷惑着人们，让人们以为它们是植物。它们的根固定在海底。海百合是一种古老的无脊椎动物，在几亿年前，海洋里到处是它们的身影，在石炭纪时最为繁盛。

海百合的今天——

现代海洋中仍然生存着 800 多种海百合！

海百合化石不仅有收藏价值，更有展示价值，当看到这些化石的时候,你会感觉到它不仅是一块石头,而且是一幅美丽的画,令人心潮澎湃,人们常用"恰似丹青巨匠一气呵成的百合盛开,又如国画大师挥毫一就的荷花绽放""永恒的瞬间,凝固的美丽"等富有诗情画意的文字来形容它,颇具浪漫色彩,给人以如梦如幻的感觉。这些文字既体现了海百合化石4亿多年的历史,又把古代海底花园瞬间沧海桑田的变迁展示出来。海百合化石是大自然留给后人珍贵的自然艺术珍品。

飞翔能手——蜻蜓

藏于大连自然博物馆(图36)

蜻蜓是人们非常熟悉的昆虫之一,它们有着漫长的童年,需要经过多年的蜕变,才能飞上天空,可是,不飞则已,一飞冲天!蜻蜓的翅窄而长,飞行能力非常强,每秒可达10米。蜻蜓

时而向前，时而倒飞，时而直冲云霄，时而突然回转，灵活自如，人类设计出的直升机的飞行能力在蜻蜓面前也甘拜下风，因此蜻蜓被誉为"飞翔能手"。

它是这个样子的——

图 36　孟氏丽昼蜓

这块化石产地是辽宁义县头台乡破台子，化石中的生物前翅长 52 毫米，宽 13 毫米，时代是白垩纪早期，名字叫孟氏丽昼蜓，它是一块模式标本。孟氏丽昼蜓是当时演化程度较为原始的蜻蜓。它是当时飞翔在空中的"胖子"，翅比普通蜻蜓要宽大，翅的脉络和纹理都很独特，尤其是臀脉大而饱满，可惜的是，它的尾部残缺了。大块头可不见得是个优势，肥胖会给它的逃生和捕食带来困难。这块化石被发现时，上面的孟氏丽昼蜓是白色的。原来，这只可怜的蜻蜓死于一次大规模的火山灰沉降，是火山灰把它的颜色漂成了白色。

昆虫是所有生物中种类及数量最多的一群，是世界上最繁盛的动物。昆虫的特点是身体分为头、胸、腹三部分，有两对翅、三对足以及一对触角(图37)。它们与人类的关系复杂而密切，有些昆虫给人类提供了丰富的资源，有些昆虫又会给人类带来深重的灾难。

昆虫也是最早飞向蓝天的动物，分别比翼龙、鸟类和蝙蝠提前了约1.4亿年、2.1亿年和2.9亿年。

蜻蜓家族是有着悠久历史的昆虫家族，地球的历史上曾经出现过巨型蜻蜓，3亿年前石炭纪地球上曾生存过翅展近1米的巨型蜻蜓，但到二叠纪的中晚期，这种巨型昆虫消失了。科学家们猜测，当时大气中氧气含量的变化是它们兴亡的关键因素。石炭纪的地球大气层含氧量高达35%，比现在的21%高出很多，高含氧量使昆虫向大个头儿

方向演化。到中生代后期,由于大气层含氧量降低,昆虫的体形与现代的昆虫相差无几。我国辽西热河生物群是含有火山岩的河流、湖泊沉积而形成的化石生物群。科学家们据此推断,许多生物是被突发性火山喷发带来的火山灰覆没,沉入湖底,在大量火山灰的埋藏下,又经过上亿年的地质作用,才最终形成了热河生物群化石组合格局的。

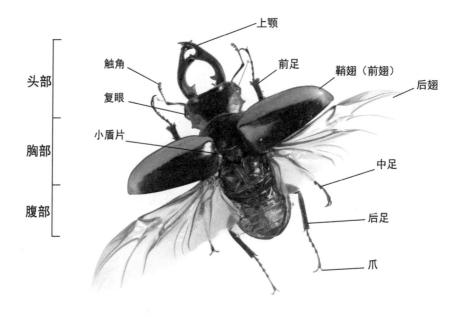

图 37　昆虫外部结构图

小贴士：模式标本通俗地讲,就是用来命名某一生物分类名称的典型标本。这种标本的形态及特征与近亲物种有相似性,但又有区别于相似物种的典型特征。

活化石——拉蒂迈鱼

藏于中国古动物馆（图38）

图38　现生空棘鱼——拉蒂迈鱼

有朋自远方来——

　　看，这可是一位远道而来的客人哟！它是科摩罗政府于1982年赠送给中国政府4件拉蒂迈鱼标本中的一件，其余3件分别收藏在中科院水生生物研究所、上海自然博物馆和北京自然博物馆。拉蒂迈鱼是一种生活在远古时期的空棘鱼类。

　　这条鱼是完整的拉蒂迈鱼活体标本，原本生活在印度洋科摩罗海域，长1.65米，重65千克，于1976年4月5日被捕获,现在中国古动物馆一层展厅,保存在装有福尔马林溶剂的玻璃箱中。

拉蒂迈鱼是唯一现生的空棘鱼类,它与澳洲肺鱼、非洲肺鱼、美洲肺鱼一道成为肉鳍鱼大家族中幸存下来的四个生物属。

拉蒂迈鱼活着时体表呈深蓝色,成年个体体长可达 2 米,平均体重 80 千克。拉蒂迈鱼有 8 个鳍(2 个背鳍,1 对胸鳍,1 对腹鳍,1 个臀鳍,1 个尾鳍),除了第一背鳍外,其余 7 个鳍均为肉质鳍。它的尾鳍形状似矛,所以也被称为"矛尾鱼"。更为奇特的是其胸鳍和腹鳍内部还发育有骨骼,好像四足动物的四肢,它保留了从鱼类向陆生四足脊椎动物演化的过渡形态,有时也被称为"长了四条腿的鱼"。

1938 年 12 月 22 日,一个叫拉蒂迈的南非女孩发现了这种鱼,她当时正在为当地博物馆挑拣海洋生物标本,偶然间发现了这种怪鱼,于是成就了 20 世纪生物学上最富有

美丽的小姐,快来发现我!

传奇色彩的海洋探险故事。

它与现生的鱼有很多不同之处——它的身体闪耀着逼人的蓝光,鱼身上覆盖着坚硬的鳞片,它的肉质肢体状的鱼鳍,很容易让人联想到陆生脊椎动物的四肢。这与众不同的鱼标本到底是什么呢?博物馆客座鱼类学专家史密斯博士经过研究,终于确认,这是一类生活在远古时代的鱼——空棘鱼。为了纪念它的发现者,这条鱼后来就被命名为拉蒂迈鱼。

拉蒂迈鱼"起死回生"

虽然拉蒂迈鱼所代表的空棘鱼类在 3 亿多年前异常繁盛,但科学家们在白垩纪晚期之后的地层中就再也没有找到它们的化石记录,因此推测该物种已经灭绝。

但是,被认为 6600 万年前就已经同恐龙一起灭绝的拉蒂迈鱼被拉蒂迈小姐发现了!这条活着的拉蒂迈鱼是在南非查郎那河河口外捕获的,当地水深约 70 米。史密斯博士最初简直不敢相信自己的判断,为了寻找第二条拉蒂迈鱼,史密斯夫妇又花费了整整 14 年时间,走访了非洲东海岸的所有小渔村。1952 年,在圣诞节前夕,拉蒂迈鱼在科摩罗群岛终于再次现身。为了尽快捕获这条鱼,甚至惊动了当时的南非总理,动用了军用直升机。这之后,在科摩罗海域陆续有近 200 条拉蒂迈鱼被发现。

这个珍贵的标本就是当年科摩罗政府送给我国的一件,每一位见过它的人,都会被深深地吸引——是拉蒂迈鱼把我们带回了逝去的年代，让我们看到几亿年前的祖先是什么模样，它们在水中又是怎样生活的。

　　大约 4.1 亿年至 3.8 亿年前，地球上最高等的动物是在水中漫游的总鳍鱼类，空棘鱼是总鳍鱼类中非常保守的一个支系，在漫长的历史长河中，它们的体形一直没有太大的改变（图 39—图 40）。

图 39　最早的空棘鱼——
　　云南孔骨鱼复原图

44

图 40　贵州空棘鱼

　　生物学家经过调查研究,证明拉蒂迈鱼是鱼类中的活化石,它们出现在泥盆纪时期,早期生活在容易干涸的淡水河、湖中,那时,它们的主要呼吸器官是鼻孔和鳔,后来由于环境的变化，在三叠纪以后，它们来到了海洋，逐渐变成用鳃呼吸的鱼。拉蒂迈鱼的身体圆厚，腹部宽大，嘴里生有锐利的牙齿，属肉食性动物，生殖方式为卵胎生。它们的鳍里有肌肉和管状骨骼，具备了"走"上陆地的可能性。通过对活的拉蒂迈鱼的研究，人们产生了很大的疑问：在三叠纪时代，拉蒂迈鱼已经具备了两栖、爬行类祖先的特点，那么，它们为什么没有继续演化成为两栖类，却又回到海洋中去了呢？它们原来生活在淡水河、湖中，转入海洋后又怎么能适应新的环境？这些问题现在还是未解之谜，生物学家们正在深入研究，并努力揭开这些有价值的奥秘。同学们，这些问题也在期待着你们去解答！

小贴士：什么是活化石？

活化石指的是一个古老的原始类型生物以慢速演化，残存到现在，在整个演化过程中，它们的形态自始至终没有显著的改变。简单地理解，活化石必须是现生（现在依然存在的）生物，大家熟知的活化石有大熊猫、鲟鱼、银杏、鹦鹉螺等，它们可都是珍贵无比的"国宝"哟！

"娃娃鱼"化石——天义初螈

藏于中国古动物馆（图41—图42）

图 41

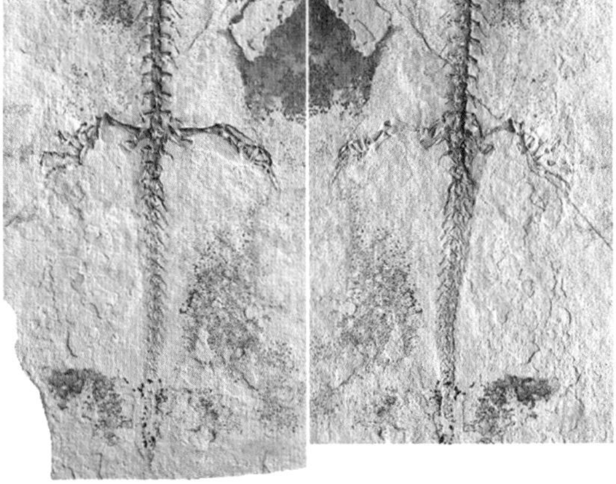

图 42

它是这个样子的——

　　看看这几块化石标本，石板上的化石印痕是生活在中生代的一种有尾两栖类生物留下的。它们产自内蒙古宁城县,距今已有 1.6 亿年的历史。它们的骨骼形态与我国国家二级保护动物、现生的大鲵(俗称娃娃鱼)十分相似,但个头儿小了许多,它们就是娃娃鱼的远祖——蝾螈。

娃娃鱼叫鱼而不是鱼,它们属于有尾两栖类,因生活在水里,叫声如小孩儿的啼哭而得名。有尾两栖类俗称蝾螈类,是现生两栖类的一种。

勇敢者的脚步——

在大约 3.6 亿年前,一群勇敢的鱼终于爬上了陆地。它们演化出了肺,学会用肺呼吸,鳍也演变成了四肢。它们具有幼年时在水中栖息,长大后又登上陆地的两种生活特性,所以人们称它们为两栖类。两栖类的出现是鱼类登上陆地的第一步,是脊椎动物在演化过程中的一个巨大的转折和革命性的飞跃,具有划时代的不可估量的重大意义。所以古生物界非常重视两栖类的研究发现,对两栖类的研究对研究包括人类自己在内的四足动物的起源与演化具有重要意义(图 43)。

图 43 《科学通报》封面

　　蝾螈类有 1 亿多年的发展历史,但它们的化石十分稀少,因为它们的骨骼十分细弱,且多生活在温暖、潮湿的环境中,死亡后尸体很快腐烂分解,不易保存为化石。令人开心的是,有一块蝾螈化石在宁城县被发现了,科学家们在研究后将这种蝾螈命名为"天义初螈"。为什么给它起这个名字呢? 他们认为这种蝾螈是有尾两栖类动物中的一个原始类群,所以以"初螈"做其属名,种名"天义"为化石产地——宁城县的天义镇。

　　这种有尾两栖类新物种——天义初螈,被归为阴鳃鲵科,也可以称为"中生代的娃娃鱼"。

我要登上陆地,我要成为两栖动物!

目前我国发现的这些有尾类化石以种类多、数量丰富和保存精美而震惊世界,它们在我国的发现具有重要的意义,因为这些化石中的生物是世界上已知最早的现代蝾螈类的代表。

早期蝾螈类被认为与现代两栖类的起源有密切的关系,因为它们的体形与十分特化的无尾类和无足类相比,更接近于现代两栖类的祖先类型,所以原始有尾两栖类的研究对解释现代两栖类的起源问题有重要的价值。热河生物群早期有尾类化石的发现对科学家也是一个启示:有尾两栖类在我国的发展历史比过去理解中的要长很多,我国在这方面可以做进一步工作,尤其是在侏罗纪的地层中有希望发现更早的有尾类化石,为解决有尾类的起源问题提供新的线索。

第三章
爬行大陆

　　剑龙是恐龙家族中的剑客,它后背上顶着巨大的成排的骨板,尾巴上带有长刺的经典形象令人印象深刻。

    距今 3.2 亿年前,脊椎动物的演化迎来了一个新纪元。在缤纷多彩的古生物群中又出现了一个全新的类群。这个类群凭借着更加优秀的生存能力蓬勃发展,快速遍布于地球的各个角落,并衍生出了形态各异的成员,它们就是爬行动物。我们脚下的大地,在 3.2 亿年前就是爬行动物的乐园。

    爬行动物和它们的祖先两栖动物相比有着众多的优势。

    优势一:它们演化出了发达的鳞片,能更加有效地防止自身的水分散失,摆脱了对水环境的依赖,成为真正的"陆地动物"。

    优势二:它们的循环系统也有所发展,心室的中央出现了简单的隔膜,俨然成了"两房两室"心脏的雏形,心脏在血液循环工作中更加强劲有力。

优势三:爬行动物进化出了羊膜卵这一更加进步的生殖形式。羊膜卵系统使得胚胎形成了系统的物质交换体系,使得爬行动物的繁殖也脱离了对水的依赖,而且后代的成活率也更高,爬行动物的繁殖效率达到了一个新的高度。

爬行动物作为地球的新主人,除了繁荣的发展之外,更制造了整个动物演化史上的多个传奇。在2亿多年前至6600万年前的中生代时期,地球上出现了恐龙、鱼龙、翼龙等爬行动物,它们是地球历史上的巨无霸。有一些爬行动物甚至能够位列史上最庞大的陆地动物、最庞大的飞行动物。

我们可不是恐龙哟

原来龟壳这样长出——半甲齿龟

藏于中国古动物馆（图 44）

图 44　半甲齿龟化石

小朋友们都喜欢龟。龟是一种非常讨人喜欢的动物,生来就是一副憨态可掬的模样:背着一个又圆又大的壳,走路摇摆而且缓慢,稍有风吹草动就会把露在外面的头和四肢缩进壳里。近几年来,龟作为一种时髦的宠物也悄悄走进千家万户。在大自然的旨意以及人工繁育的神来之笔之下,龟形成了一个个形态迥异、色彩缤纷的个体。然而无论外形怎么改变,龟的那个独具特色的壳永远是第一时间吸引人视线的焦点。龟壳不仅是饲养爱好者玩赏的目标,更是科学家们研究的对象。

我是先长出了肚子上的甲壳的!

可能很多人对龟壳都产生过这样一个疑问:龟的壳有上下两部分,那么在演化过程中是先有上边的还是先有下边的,还是两边的一起出现呢?这个问题,也困扰了聪明的科学家很多年。当然啦,现在这个问题已经因为一件神奇的化石标本而被解决了。

沉睡2亿多年的家伙告诉你答案

　　2008 年，中国科学院古脊椎动物与古人类研究所的海生爬行动物专家在研究贵州地区化石的过程中发现了一件奇特的龟类化石。这具龟化石竟然没有上边的背甲，只有下边的腹甲！这种龟生活在 2 亿多年前的三叠纪时期，是最古老最原始的龟类。这一下问题解决了，龟类在演化中，是先出现了下边的腹甲的。那么上边的背甲又是如何出现的呢？原来，龟类在演化出腹甲之后，它的肋骨逐渐增宽，脊椎也开始变得发达。最终，增宽的肋骨和发育的脊椎逐渐结合在一起，经过进一步的发育，最终形成了上边的背甲。而这种龟还有一个特别之处，它的口腔中是长有牙齿的。众所周知，现在生活在地球上的任何龟类都是没有牙齿的，它们的口腔里只有坚硬的喙状结构。这件化石告诉我们，在很久很久以前，龟是有牙齿的。结合这两大特征，这个沉睡了 2 亿多年的家伙被命名为"半甲齿龟"(图 45)。

图 45　半甲齿龟复原图

可怕的渔夫——猎手鬼龙

藏于中国古动物馆（图 46）

图 46　猎手鬼龙化石

乘着它飞上蓝天

　　翼龙是与恐龙生活在同一时期的会飞翔的爬行动物。翼龙的形态和大小千差万别：早期的翼龙拖着长长的尾巴，后期的翼龙带着高高的头饰；最大的翼龙翼展可以达到十几米，而最小的翼龙可以站在人的手上。这种奇特的飞行动物，以其独特的身姿散发着完全不亚于恐龙的魅力，它们频繁地出现在影视剧、游戏等大众文化传播平台之上。

关于对翼龙的刻画，最生动的莫过于电影《恐龙帝国》。在电影中翼龙是骑兵作战时所骑乘的交通工具，其本质是能够飞行的战马。而在电影《阿凡达》中，那些供人们骑乘的奇特外星生物也是以翼龙为原型来塑造的。另一个对翼龙刻画较深的便是电子游戏《恐龙危机》系列，里面出现了翼龙类的成员——无齿翼龙。科学家们认为，无齿翼龙是一种类似海鸟的动物，而游戏中的无齿翼龙却成了极具攻击性的凶猛掠食者。

当然啦，以上这些都属于艺术加工，因为从无齿翼龙的身体结构来看，它不可能会是一种极具攻击性的动物，而且，迄今为止几乎所有的翼龙都无法被证实是能够进行凶残的捕食行为的。然而，近年来的一个新发现打破了这一固有的认识，为翼龙的研究再添新的篇章。

它是这个样子的——

最近，中国和巴西两国的科学家在辽西热河生物群中发现了一具奇特的翼龙头骨化石。这件头骨的样貌十分狰狞可怖。它的外形粗壮，鼻眶前孔非常大，头上竖立着古代骑士头盔一般的头饰，看上去气势十足。然而它的奇特还远远不止于此。与其他大部分翼龙都不相同的是，它的牙齿非常巨大。在它吻部的最前端，几颗巨大的獠牙赫然露在外边，让人一下子就想到了远古的陆地猛兽剑齿虎。

有了如此强大的武器，我们有理由相信，这是一种非常凶悍的捕食者。如果有人还是不相信，再来看看在这个化石的发现地点同时发现的翼龙的粪便化石吧！对这些粪便化石的形态与成分进行分析得出，这种翼龙的主要食物来源是鱼类。于是，科学家已经有了确凿的证据证明，这是一种凶猛的捕食鱼类的猎手，并最终给它定了一个和它的外貌同样令人望而生畏的名字——猎手鬼龙（图47）。可想而知，在1亿多年前的辽西，猎手鬼龙那张魔鬼一般狰狞的面孔、那长剑一般的锋利獠牙，是当地所有鱼类一生的噩梦！

图 47　猎手鬼龙复原图

来自远古的"九龙壁"——肯氏兽

藏于中国古动物馆（图 48）

图 48　肯氏兽化石骨架

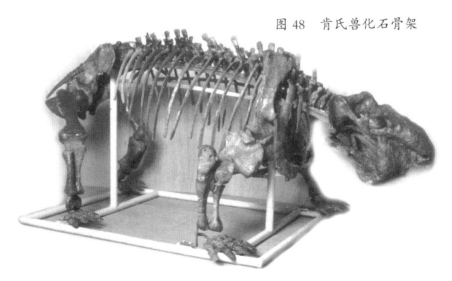

大自然的礼物——

　　在中国科学院古脊椎动物与古人类研究所的一楼大厅中，立着一件外观精美、名声也十分响亮的化石。它就是九龙壁（图49）。可能你马上就会想到故宫和北海的九龙壁（图50），然而这里所说的九龙壁可是自然形成的，是亿万年前的地球遗留给我们的珍贵财产哟！这九龙壁上的"龙"实际上是一种爬行动物的化石，名叫肯氏兽。石板上的这九只肯氏兽非常完好地保存在岩石当中，都保留着生前的姿势样貌，每一只的形态都不相同，堪称古生物化石中的一大奇观，陈列在博物馆里更是一件非常具有震撼力的藏品。

图49　九只
肯氏兽化石

图50　北海九龙壁

62

肯氏兽是一种植食性动物，身体圆润胖大，十分可爱（图51）。它属于兽孔类，又统称似哺乳爬行动物，是哺乳动物的近亲。似哺乳爬行动物已经具有了哺乳动物的诸多特征，最明显的一点便表现在牙齿的形态上。爬行动物的牙齿是同型齿，意思是一个个体口中的牙齿形态基本是一样的。而哺乳动物的牙齿形态有了分化，分为门齿、犬齿、前臼齿和臼齿。本属于爬行动物的肯氏兽的牙齿形态却出现了分化，这是一个非常重要的变化。牙齿的形态有了分化，在咀嚼食物时便有了分工，进食的效率也随之提高。这就是为什么拥有牙齿分化的哺乳动物最终大繁盛的原因之一。肯氏兽以及同时期的其他似哺

乳爬行动物依靠着这样的优势在地球上迅速扩散开来，成为当时分布在全世界的优势陆地动物。

图 51　肯氏兽复原图

　　似哺乳爬行动物在当时的地球分布广阔，在很多研究领域都有着重大的意义。比如说，肯氏兽以及它的近亲二齿兽、水龙兽等，它们体形特征相似，身体全都较为圆胖，四肢相对粗短，不具备长距离迁徙的能力，更不要说跨越海洋了。但在二叠纪时期，这些圆圆胖胖的家伙几乎分布在地球的每一个角落。以水龙兽为例，环太平洋沿岸上均有它的化石出土。这种现象最好的解释就是当时各个大陆都是连在一起的，这些较为笨拙的动物们可以无障碍地迁徙和扩散。从这一点来说，似哺乳爬行动物的分布很好地解释了板块漂移学说。

海洋中最早的霸主——鱼龙

藏于天津自然博物馆（图52）

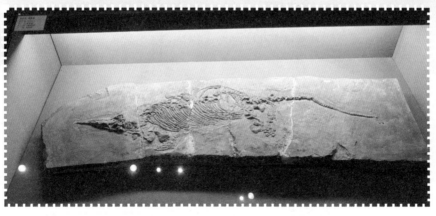

图 52 鱼龙化石

  提到海洋的霸主，可能有一些人会首先想到鲨鱼，还有一些人会想到鲸。而在上亿年前的恐龙时代，海洋里还没有鲸，那时的鲨鱼也不过相当于小混混的角色。那时候的霸主，是巨大而凶猛的鱼龙。鱼龙的身体长度可达数米，个别种类甚至超过了 10 米。如此庞然大物在大海里来回游荡的身影无疑是其他海洋动物一生的梦魇。就像鲨鱼一样，鱼龙的口中布满了密密麻麻的锋利的牙齿，而且它的身手异常矫捷，一些古生物学家推测，鱼龙游泳的速度可以达到每小时 40 千米。如此看来，鱼龙真可谓恐怖的猎手(图 53)。

图 53　鱼龙复原图

庞大的它们

1811 年，英国最著名的化石收集专家玛丽·安宁发现了世界上第一具完整的鱼龙化石，从此以后，古生物学家对于鱼龙的研究进入了一个全新的阶段，更多更完整的鱼龙化石也随着搜索和研究的不断扩展而出现在人们的视线当中。其中比较著名的有，加利福尼亚大学在内华达州发现的聚集在一起的多达 21 条的鱼龙化石；古生物学家伊丽莎白·尼科尔斯发现的世界最大的鱼龙化石，长度达到了 23 米；在西藏出土的喜马拉雅鱼龙，证明了当时的西藏还处于海洋环境。

由陆入水

鱼龙是一种非常奇特的动物。它并不是起源于海洋，它的祖先是一种生活在陆地上的爬行动物。这种爬行动物适应了水环境，于是来到海洋之中，演化成了鱼龙这一繁盛的群体。早期的鱼龙其实并不像鱼，而是像巨大的蜥蜴。随着对水生环境的适应，鱼龙的身体发生了变化，到最后，竟奇妙地演化出了酷似鱼类以及现代的海豚般的躯体。这就是生物学家常说的趋同演化，即亲缘关系非常远的物种，由于生活于相同的环境，进而演化出了相同的体态特征。

鱼龙在经过 1 亿多年的繁盛之后，于距今 9000 万年前走向了灭亡。古生物学家在试图找寻鱼龙走向衰亡的原因。据推测，鱼龙灭亡的原因可能在于它的捕猎方式。后期鱼龙基本都

第三章 爬行大陆

类似于海豚,有着极好的流线型体形,它们以高速运动的方式追逐猎物。而同时期的沧龙和蛇颈龙等因体形原因无法进行高速游泳运动,而采取突袭方式进行捕猎,反而达到了更好的效果。就这样,鱼龙最终被沧龙等掠食者所取代。

我们才是恐龙

在距今 2.3 亿年前,地球迎来了一个空前绝后的时期。在这个时期,地球上出现了一种传奇的生物。它们有的体形巨大,如同移动的小山;有的形态奇特,显示了大自然最神奇的

塑造功力；有的强悍凶残，使弱者全部屈服于其淫威之下。它们曾经是地球的霸主，它们统治了地球 1.6 亿年！

这种传奇的生物便是恐龙，它们一经出现就占领了地球的各个角落，在现如今的南极大陆都有恐龙的踪迹。在恐龙帝国中，任何其他生物都显得那么的渺小。

恐龙家族的"第一名"——许氏禄丰龙

藏于中国古动物馆（图 54）

许氏禄丰龙 Lufengosaurus huenei Young 1941

第一具由中国人发现、研究、装架的恐龙
The first dinosaur which was excavated, studied, and reconstructed by Chinese scientists

四足动物 | 两

中国人发掘
并研究的
第一只恐龙

图 54　许氏禄丰龙化石骨架

第一具由中国人
自行装架的
恐龙化石

第一只登上
中国邮票的
恐龙

中国第一龙

中国古动物馆的二楼爬行动物展厅内有一具恐龙化石骨架。它是一具原蜥脚类恐龙的化石,体形中等,样貌也并不威猛。然而,这看似其貌不扬的骨架,却是中国古动物馆的镇馆之宝,也是"中国第一龙"——许氏禄丰龙。

它作为"中国第一龙"是绝对当之无愧的,因为它包揽了中国恐龙界的数个"第一"的称号。禄丰龙是生活在中国大地上的第一批恐龙。它属于一种比较原始的类群——原蜥脚类,生活在距今2

亿多年前侏罗纪早期的中国西南地区(图 55)。许氏禄丰龙是中国人发掘并研究的第一只恐龙,由中国古生物学的奠基人杨钟健院士参与发掘并于 20 世纪 40 年代率先研究。杨钟健院士将这条"中国第一龙"命名为"许氏禄丰龙"。后来许氏禄丰龙化石经过了细致的整理和装架,成为第一具由中国人自行装架的恐龙化石。1958 年,为了庆祝许氏禄丰龙的发现,中国发行了印有许氏禄丰龙的邮票,至此,许氏禄丰龙又成为第一只登上中国邮票的恐龙(图 56)。

图 55　许氏禄丰龙复原模型

图 56　许氏禄丰龙邮票

家乡以它为荣

　　在许氏禄丰龙的故乡云南省禄丰县,恐龙作为一个流行的符号广泛地分布在大街小巷。在禄丰县城区以及周边地区的很多墙壁上都有恐龙的彩绘,广场上也树立着恐龙的雕像。

恐龙园作为禄丰地区的一大标志,每年吸引着大批的游客。经过精心研究和策划,当地还史无前例地开办了恐龙文化节。恐龙之所以能对一个地区产生这么大的影响,除了恐龙本身的魅力之外,无数古生物工作者和博物馆工作者在恐龙的研究和知识传播过程中也发挥了不可替代的作用。在禄丰龙最重要的出土地之一大洼山上矗立着一座杨钟健院士的雕像,而这一殊荣不仅仅属于杨钟健院士一人,更属于千千万万工作在中国古生物研究及博物馆第一线的人们。

恐龙家族中的巨人——马门溪龙

藏于天宇自然博物馆(图 57)

它是个大个子——

现在,不但越来越多的博物馆会有恐龙化石的展览,甚至一些大型的现代化商场都会有仿真的恐龙化石展出,这些"大个子"得到了无数小朋友的喜爱。相信小朋友们喜欢恐龙的原因之一就是因为它们体形巨大,能够产生足够的心灵震撼和视觉冲击力吧!提

图 57　马门溪龙化石骨架

到大个头儿的恐龙，人们自然而然会想到蜥脚类恐龙。蜥脚类恐龙确实是陆生动物中体形最大的一个门类，它们动辄10余米甚至超过20米的身长令无数人叹为观止。中国大地上就曾分布着很多种巨大的蜥脚类恐龙，它们形态各异，其中给人们留下印象最深刻的，恐怕非马门溪龙莫属了(图58)。

图58　马门溪龙动物群复原图

名字的误会

马门溪龙发现于中国著名的恐龙之乡四川。第一具马门溪龙化石原本发现于四川宜宾马鸣溪地区，由中国恐龙之父杨钟健院士研究并命名。但由于研究人员的口音问题，被误称作了"马门溪龙"。可是，古生物研究与命名是需要严格遵照"生物命名法"的，一旦定名，即使发现由于对物种本身的误解而使用了错误的命名，也无法进行更改，著名的窃蛋龙的命名也是如此，所以"马门溪龙"这个名字只好就将错就错地沿用下来了。

马门溪龙长得"帅"，完全符合人们对恐龙的审美追求：这一类群中的成员个个都是大家伙，就连体形较小的杨氏马门溪龙都有16米长，而其他成员的身长均超过20米。马门溪龙的奇特之处还不仅仅在于它的大块头，它的脖子长度占到了身体的一半，是地球上曾经生活过的脖子最长的动物(图59)！

图 59　马门溪龙的"长脖子"

　　2006 年,马门溪龙再一次成了大明星。这一年夏天,中国的古生物科考队在新疆奇台县的恐龙化石发掘现场进行考察发掘,发掘的主要过程由中央电视台向全国进行了数小时的直播。为什么大家对这次发掘这样重视呢?原来,此次发掘位置邻近的化石点太有名气啦!1987 年曾在那里出土了"亚洲第一龙"——中加马门溪龙。中加马门溪龙是由中国和加拿大的科考队联合发掘的,故此定名。它是当时出土的最大的马门溪龙,也是当时亚洲最大的恐龙,身长超过了 26 米,因此 2006 年的发掘也令人无比期待。最终结果不负众望,经过努力,一具长达 35 米的大家伙横空出世,刷新了此前中加马门溪龙的纪录。目前,这个大家伙被暂时归入马门溪龙类,随着后续的研究,它的"真面目"终将大白于天下。

恐龙家族中的剑客——华阳龙

藏于自贡恐龙博物馆(图 60)

图 60 太白华阳龙化石骨架

剑龙是最著名的恐龙之一,它那后背上顶着巨大的成排的骨板、尾巴上带有长刺的经典形象令人只看一眼便会印象深刻。剑龙生活在 1 亿多年前的侏罗纪,是当时一种数量众多、分布广泛的植食性恐龙。

先来看一种在中国发现的非常奇特的剑龙家族成员。它是中国土地上最早出现的剑龙类，也是目前最原始的剑龙类，它就是华阳龙。华阳龙产自中国的恐龙圣地四川，生活在 1.6 亿多年前的侏罗纪中期，比它的美洲近亲早了 2000 万年左右。从华阳龙的形态来看，它是非常原始的一个类群，其生存和竞争能力都相对不足。首先，华阳龙的体形很小，身长只有 4.5 米。而后期的剑龙类身长可以超过 7 米，有的身长甚至达到 9 米。这样小的体形，无论是取食还是抵御猎食者，都没有太多的优势。其次，华阳龙的前肢和后肢的长度是相似的，而后期的剑龙类都是后肢明显长于前肢。因此华阳龙的运动能力应该是不如它的那些后辈近亲的。最后，华阳龙背上的骨板较小，而后期剑龙类的骨板相当巨大。科学家们认为，剑龙类背部骨板的作用是吸收阳光的热量和调节体温，面积小的骨板在从事这些活动的时候，能力会明显不足(图 61)。

第三章 爬行大陆

79

图 61　华阳龙复原图

防身本领大——

　　和华阳龙同一时期的猎食者气龙虽然体形不大，但对于体形同样较小且运动能力稍显不足的华阳龙来说，也算是个不小的威胁。为了能抵御强敌，华阳龙也为自己准备了和其他剑龙类迥然不同的装备。尾部的"钉子"是剑龙类的招牌之一，而华阳龙不仅仅在尾部有长刺，它的肩部也生有很长的骨质尖刺。在自身受到威胁的时候，华阳龙只要以特定的姿势面对敌人，便可以令敌人无从下口，进而和敌人形成对峙局面，为自己的生存争取机会。

恐龙家族中的"非主流"成员——原角龙

藏于天津自然博物馆（图 62）

它是这个样子的——

原角龙是一种典型的"非主流"恐龙。为什么说它"非主流"呢？因为爱好恐龙的人一般都会喜欢个体非常庞大的恐龙类群，而原角龙的体形很小，大小只相当于一只绵羊，不免会令初次见到它的人大失所望。而且原角龙也是角龙类里相貌最平淡无奇的成员了。角龙类的大部分成员都有着丰富多彩的颈盾和形态各异的长角，而原角龙就只有一个毫无修饰效果的圆形颈盾，并且连一个短短的鼻角都没有。然而尽管如此，原角龙仍然会频频出现在人们的视野以及人们的话题里，看来，它的魅力并没有因为它平淡的外貌而减弱呢！这是为什么呢？

我国内蒙古自治区曾经出土过大量的原角龙化石，与原角龙骨骼同时发现的还有大量原角龙的蛋。这就让人们将原角龙和蛋联系在了一起。在中国古动物馆等博物馆就曾经设有"原角龙下蛋"的游艺项目，一些科普书的复原图中，原角龙也往往是和它的蛋在一起。可见原角龙在人们心目中已经不是一个单独的存在，而是以一个生动形象的姿态留在了人们的印象中（图63）。

图 62　原角龙化石骨架

图 63　原角龙复原图

　　与原角龙相关的还有一些有趣的小故事，例如著名的窃蛋龙事件。20世纪20年代，古生物学家安德鲁斯在一片戈壁上发现了一只恐龙和一窝蛋的化石，他当即判断这只恐龙是在偷吃原角龙的蛋，并将这个倒霉的家伙命名为窃蛋龙，而后来的研究发现这窝蛋其实是窃蛋龙自己的，窃蛋龙却只能被迫将这个难听的名字永远背负下去。近年来，科学家和民俗学者开始研究与原角龙有关的文化，竟发现神话中狮鹫（jiù）的形象是来源于原角龙的，这个结果恐怕令很多恐龙和神话爱好者都大跌眼镜吧！

小个子英雄——

　　别看原角龙身材娇小，但它也算得上是个战斗英雄。科学家们认为，原角龙的族群中有争夺配偶的行为。雄性的原角龙这是藏于博物馆中的一场战争。

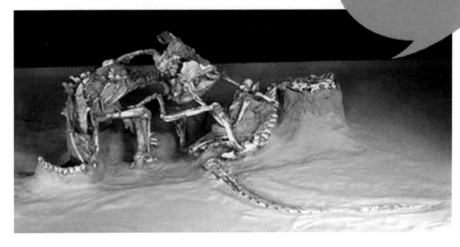

图 64　战斗中的原角龙化石

会用头部相互撞击的方式决斗，以此来赢得雌性原角龙的芳心。而原角龙抵御敌人的战斗则更为壮烈，原角龙大战伶盗龙的化石生动地再现了这一幕。凶残的伶盗龙用它的钩爪抓穿了原角龙的肚子，而原角龙仍然顽强地咬住伶盗龙的一条腿，两只恐龙在泥沙中同归于尽（图 64）……

　　尽管原角龙没有惊世骇俗的相貌和君临天下的力量，但关于它的一桩桩奇闻趣事仍牵动着广大爱好者们的心弦。这就是"非主流"流行的秘密！

我想飞得更高——顾氏小盗龙

藏于中国古动物馆（图65）

图 65　顾氏小盗龙化石

它来自远古——

　　辽西是一个神奇的地方，在这里出土了有"古生物庞贝城"之称的热河生物群。在1亿多年前的白垩纪时期，一场猛烈的火山爆发席卷了这片土地，大量火山灰将正在此处繁衍生息的动植物无情地掩埋掉了。然而，大自然的这次酷刑给后世留下了丰富而珍贵的古生物化石资源。大量形态各异，并有着重大研究价值的化石不断被人们发掘出来。作为热河生物群研究队伍中绝对的主力，中国科学院古脊椎动物与古人类研究所多年以来，对这个生物群中的脊椎动物做了极其广泛而又细致的研究，获得了丰硕的成果，并在它的下属机构中国古动物馆设立了热河生物群特别展区。

它是这个样子的——

看看这个展区中最吸引眼球的展品之一吧！这是一件小型恐龙的化石，乍看之下并没有什么特别之处，但你如果仔细观察便会大吃一惊，这具恐龙化石的四肢周围都分布着一小片一小片的絮状物，那竟然是羽毛！没错，这是一只拥有翅膀的恐龙，而且与其他拥有翅膀的恐龙不同，它有"四只"翅膀（图 66）！

图 66　顾氏小盗龙复原图

这就是著名的顾氏小盗龙，它是由中国著名恐龙专家徐星研究员发现，并以古生物学家顾知微院士的名字命名的。小盗龙是迄今为止发现的最小的恐龙之一，体长最小的只有 40 厘米左右。同时，它也是最早被发现的长有羽毛和翅膀的恐龙之一。想象一下，一只活着的顾氏小盗龙站在一个人的面前，恐怕就和一只野鸡的样貌差不多吧！顾氏小盗龙特殊的身体结构特征使它成为专家争相研究的焦点和民间爱好者热烈议论的话题。

鸟类到底是不是起源于恐龙？顾氏小盗龙的出土为鸟类飞翔机制的起源研究提供了新的解释。科学家们指出，顾氏小

第三章 爬行大陆

盗龙的四肢带有尖尖的爪子，证明它很可能是树栖生活的动物。而它的"四只翅膀"在展开之后，整个身体就如同一架滑翔机一样，能够进行一定距离的滑翔。所以，可以推测顾氏小盗龙过着"树栖滑翔"式的生活。虽然顾氏小盗龙只是恐龙演化中的一个旁支，和鸟类没有任

何的亲缘关系，但科学家仍然相信，鸟类的飞翔很可能就是起源于这样的"树栖滑翔"。作为鸟类祖先的恐龙类群，有可能就是从树林间的滑翔开始发展，滑翔的距离和高度随着时间的推移而逐步增加，最终演变成了飞翔。

我们是恐龙的后代

——鸟类的起源

鸟类的起源一直是科学家们感兴趣的事,也是同学们感兴趣的话题,现在这么多漂亮的鸟都是从哪儿来的? 科学家们根据化石证据,提出了许多种不同的假说,较有影响的是现代鸟类起源于恐龙的假说,已经得到了大多数科学家的认可。

鸟类真的是恐龙的后代吗

1868 年,英国科学家托马斯·赫胥黎在比较了多种原始爬行动物化石后,发现始祖鸟与恐龙具有相似的形态特征,认为始祖鸟是爬行动物向鸟类过渡的中间环节,首次提出了"鸟类恐龙起源假说"。

20 世纪 90 年代,在我国辽西地区发现了大量带羽毛恐龙和原始鸟类化石,这些发现为鸟类恐龙起源假说提供了前所未有的有力证据。

五光十色的羽毛

一说到鸟，我们肯定会想到鸟缤纷的颜色，已知的现生鸟类有 9000 多种，它们在世界各地都受到人们的喜爱，这不能不说和它们身披美丽的羽毛有关。色彩斑斓的鸟儿给我们这个世界带来更多的灵动与色彩。我们都还记得杜甫的《绝句四首》第三首里描述鸟儿的唯美诗句吧：两个黄鹂鸣翠柳，一行白鹭上青天。

远古时期的鸟儿是不是也有着五颜六色的羽毛呢？

羽毛是人类迄今所知最复杂的动物皮肤衍生物，是脊椎动物演化史上一个独特而非凡的创新。作为鸟类区别于其他现生动物的主要特征，羽毛是鸟类飞向蓝天的必要条件。羽毛在恐龙身上的发现打破了鸟类对羽毛的"垄断"，并且为鸟类的恐龙起源假说提供了有力的证据，将羽毛起源推到了恐龙时代，迄今为止，在辽西及其相邻地区已发现带羽毛恐龙化石

10 余种,标本上千件,在其石化骨骼周围发现的羽毛印痕类型多达 9 种。其中,原始类型的单根丝状或简单分支丛状羽毛,在各类带羽毛恐龙身上普遍存在,甚至包括与鸟类亲缘关系较远的陆生植食性恐龙以及体重超过 1 吨的大型陆生肉食性恐龙。关于这些羽毛的作用有"保暖""修饰"等多种解释,但它们还不用于飞行。后期一些与鸟类亲缘关系很近的恐龙身上,开始出现结构复杂的大型片状羽毛,这种羽毛与鸟类翅膀上的飞羽相似,说明这些恐龙很可能已经会飞了,飞行在鸟类出现以前就开始啦。

说到鸟,肯定就离不开恐龙了,因为鸟是起源于恐龙的啊!那些带羽毛的恐龙,它们身上的羽毛是否也像鸟类一样绚丽多彩呢?

　　从 2010 年起，中外科学家对热河生物群兽脚类恐龙和古鸟类羽毛颜色进行了复原研究，他们借助电子显微镜在羽毛印痕中发现了两种黑色素体，这两种物质均存在于现生鸟类的羽毛中。根据与现生鸟类的对比，他们推测带羽毛恐龙和古鸟类的身上已经具有以灰、褐、黄、红为主的基础色彩，如果这些颜色能以不同的比例组合，那么 1.25 亿年前的恐龙和鸟类就有可能像今天的鸟类一样色彩纷呈。这一系列研究首次从另一角度证明了恐龙和鸟类羽毛的同源性，有力地支持了鸟类由恐龙演化的理论。目前已有赫氏近鸟龙等恐龙的羽毛颜色得到初步复原。从此人们在给恐龙羽毛添加颜色时，真正有了科学的依据。

如何飞向天空

鸟类飞行的起源,存在着两种不同的假说——"地栖起源说"和"树栖起源说"。"地栖起源说"最初是由美国学者威利斯通提出,后来被奥斯特洛姆完善。他们认为鸟类的祖先是一类非常活跃的动物,可能已是恒温动物,羽毛最初是用来保温的,后来随着羽毛增大、变长,前肢的羽毛可用来协助捕捉昆虫,前肢和尾巴羽毛不断增大,又增加了鸟类祖先在地面奔跑时的平衡性,随着时日的延续,奔跑的速度和技能不断加强,鸟类最终获得了真正的飞行能力。他们认为始祖鸟是一种在地上行走的动物,可作为早期飞行起源的代表。

从树上飞下来的——

"树栖起源说"是美国的马什提出的,曾得到许多学者的支持。辽西大量的早期鸟类的发现,特别是孔子鸟、中国鸟、华夏鸟等的形态特征,均支持鸟类树栖起源的学说。"树栖说"认为鸟类祖先是在树间的跳跃和滑翔的过程中逐渐学会飞翔的。滑翔为真正飞行的产生提供了较地上奔跑更有利的条件和必要的过渡,在最初的飞行中,由上而下的滑翔充分利用了重力的作用。

20 世纪末的传奇发现——辽西古鸟世界

鸟类是人类的朋友,是美化地球的使者,它们比人类早1亿多年出现在地球上,成为地球生物链中的重要一环。在1.5亿年前,始祖鸟就已经在地球上出现,演绎了一个从恐龙到鸟的神奇历程,并且与恐龙共同生活了9000万年,真实地绘制了一幅精美绝伦的"比翼双飞""龙凤呈祥"的远古画卷。

怪不得总弄不明白我的老祖宗是谁呢。

到 1.25 亿年前,辽宁西部已经是一个生机勃勃的原始鸟类的乐园,那时的鸟类大多口长"钢牙",身具利爪。古鸟们有的还在笨拙地学着飞行,在树枝间蹦来蹦去;有的则已是身怀绝技的飞行高手;更有的已飞出丛林,整日漫步在湖边,尽情享受生活的乐趣。

但是 100 多年来,始祖鸟化石仅发现 10 块,其中 4 块还是近年来才发现的,所以以往的科学家们长期以来只能依据几块始祖鸟的化石来研

图 67　始祖鸟复原图

究鸟类起源等重大问题。始祖鸟大约只有乌鸦大小，前肢上有发展健全的羽毛，然而，它仍保留了一些爬行类的特征，包括有长骨的尾巴、嘴部的牙齿和翅膀上的指爪，通常被认为是从驰龙演化而来的(图 67)。

　　直到 1992 年和 1995 年，中国古鸟类专家侯连海、周忠和等在辽宁西部首先发现了白垩纪早期的华夏鸟和义县组的孔子鸟，揭开了辽西热河生物群鸟类研究的序幕。迄今为止，世界上从未有任何地区像辽西地区这样，保存了如此丰富多彩的鸟类早期演化的物种与标本，也从未有任何一个地区像辽西地区这样，同时保存了与鸟类伴生的生物及其生存环境信息。目前辽西地区发现的孔子鸟化石已有 2000 块以上。辽西热河生物群的鸟类化石，在全世界的知名度不亚于德国的始祖鸟化石。

　　辽宁的古鸟化石分属基干鸟类、反鸟类和今鸟类。热河生物群中大量鸟类化石的发现，使得人们进一步了解了除始祖鸟以外的古鸟类的大量原始类群。

辽西古鸟化石总动员——

孔子鸟　藏于辽宁古生物博物馆（图68—图69）

图68　孔子鸟化石　　　　图69　孔子鸟化石

　　我们都知道，现在的鸟类是没有牙齿的，它们靠鸟喙取食，但在远古的中生代，大多数鸟类是有牙齿的。

　　孔子鸟是世界上已知最早的有喙的鸟类，比大多数中生代的鸟类都原始，也是我国发现的最早的原始鸟类，但是有一点，它走在了古鸟的前头——它演化出了没有牙齿的喙！与绝大多数的中生代早期鸟类不同，孔子鸟的牙齿已经完全退化，这和现生的鸟类相同，是特化的原始鸟类(图70)。

　　孔子鸟在骨骼结构等各方面却相当原始，例如翅膀上的

图-70　孔子鸟复原图

利爪还相当发达,指的指节数量也没有减少等等,在这些特征上,它的原始性都可以和德国的始祖鸟相比。不过,孔子鸟的飞行能力比始祖鸟要强,后肢也已经更适合攀援树木。目前孔子鸟可能已经成为知名度仅次于始祖鸟的化石鸟类,在短短的几年间,发现了上千件的化石并且保存非常精美。

在一些化石标本上,雌雄孔子鸟相伴而生,雄性长有一对很长的尾羽,而雌性则没有。如此众多保存完整的化石标本,对于鸟类化石来说,恐怕在世界上也是绝无仅有的现象!那么,这么多的孔子鸟化石被同时发现,是不是说明孔子鸟很喜欢过集体生活呢?

娇小辽西鸟 藏于天津自然博物馆(图71)

这是一块珍贵的小型原始鸟化石标本。

它虽然落户在天津，可老家是辽宁义县，有1.3亿岁了。娇小辽西鸟的个头儿的确不大，辽西鸟是已知中生代最小的鸟类。这块化石长18.5厘米，宽16厘米，大家可以想象一下，化石上的鸟儿的个头儿大小了(图72)。

图71 娇小辽西鸟化石

　　这块化石保存完好,头为侧面埋藏,头后骨骼基本呈背腹保存,颌、躯干、四肢和尾椎全都保存完好,好像正要展翅起飞,姿态优美。它的前肢具有进步的特征,已具有比较好的飞行能力,但后肢特征原始,股骨比较长。它的发现证明早期鸟类分化的多样性与鸟类演化的复杂性,为著名的热河生物群增添了新的成员。

图 72　娇小辽西鸟复原图

100

原始热河鸟　藏于辽宁古生物博物馆（图 73）

图 73　原始热河鸟化石

　　大家看，这块化石保存完好，看上去很漂亮吧？它的名字叫原始热河鸟。它可是大型的鸟类，头比较低，嘴比较长，尾巴比较长，牙齿基本已经退化，前上颌骨无齿，下颌也仅有 3 枚小的牙齿，前肢要比后肢长些，化石还保留了有长的具爪的指，长长的尾巴是由 20 多枚尾椎骨组成的,它的尾部结构比始祖鸟更像恐龙。在它的身体里还发现了许多植物种子,说明它的植食性，这也是继始祖鸟之后又一种保留了类似爬行类长尾的鸟类。

　　小贴士:分清是鸟还是龙

　　由于各种各样的原因，在我国发现的化石，命名和翻译常让人摸不着头脑,造成了不小的误会。如"中华龙鸟"实际上不是鸟,而是属于兽脚类恐龙中的美颌龙类，它和鸟的关系比霸王龙和鸟的关系还要远。"原始祖鸟"也不是鸟类,而是长有羽毛的恐龙。同样,被译为"尾羽鸟"的,应该是尾羽龙,因为它是一种带羽毛的窃蛋龙类，而不是鸟类。这是因为科学家一直误以为只有鸟类才有羽毛,其实非鸟的兽脚类恐龙已先于鸟类生出了羽毛。另外,"龙"在古生物译名中指的是"爬行动物"，而不是特指恐龙,如翼龙是一类靠翼膜进行滑翔飞行的爬行动物,潜龙则是一类水生的爬行动物,它们都不是恐龙。

第四章

新生代的曙光

和师氏剑齿象打个招呼吧！哦,不太熟? 没关系,黄河象你肯定认识吧。小学语文课本上原先还有一篇著名的课文《黄河象》,讲的就是一只在黄河流域生活的师氏剑齿象由生到死,最终变为化石的故事。

6600万年前的一次浩劫，使一代暴君恐龙支配着的地球历史上最波澜壮阔的帝国瞬间土崩瓦解。广袤的大地迎来了一个新的时代，一支新生的力量悄然而迅速地崛起。它们迅速占领了世界的每一个角落，以丰富多彩的形态和卓越的生存能力向这个世界发出宣告：新的统治者已经君临天下！它们就是开创了新生代，并一直繁盛至今的胜利者——哺乳动物。

中国的古哺乳动物研究可追溯到20世纪初。在无数专家学者坚持不懈的考察和研究下，无数古哺乳动物的化石重见天日，步入人们的视野。现在，在全国各大自然类、地质类博物馆中，我们可以看到丰富的古哺乳动物化石。通过装架人员巧夺天工的塑造技艺，这些化石骨架重现了哺乳动物们生前的风采。

身高马大好御寒——西藏披毛犀

藏于中国古动物馆（图 74）

图 74　西藏披毛犀头骨化石

　　西藏披毛犀是近年来古哺乳动物研究领域最重要的发现之一，它不仅是迄今为止发现的最原始的披毛犀，而且围绕它取得的一系列研究成果改写了人们以往对冰河时期动物起源的认识。

　　2008 年夏天，中国科学院古脊椎动物与古人类研究所与美国洛杉矶自然历史博物馆等研究机构组建了中美联合考察队，考察的目标地点是西藏阿里地区札达县境内的上新世地层。札达县拥有世界上独一无二的地质景观——札达土林，不仅观赏价值极高，还因其层理鲜明、出露状态极佳而出土了大量上新世的动物化石。就在这一年，在古哺乳动物研究领域具有里程碑意义的化石——西藏披毛犀骨骼化石出土了。

它是这个样子的——

西藏披毛犀生活在冰河时期来临之前，距今 360 万年，比之前发现的披毛犀——泥河湾披毛犀还要早 100 多万年，这奠定了披毛犀起源于青藏高原这个最新学说的基础，也证实和补充了披毛犀起源于中国的理论。

在 360 万年前，札达地区的海拔已经和现在基本一致，气候非常寒冷和干燥，西藏披毛犀的体形具备了可以应对这种恶劣环境的特征。首先，西藏披毛犀体形高大，体长超过 3 米，高度超过 1.6 米，这样壮硕的身躯可以非常有效地防止热量散失。另外，它的鼻尖上还长着扁宽的大角，特殊的颈关节结构使它的头可以下垂到很低的位置，使它在行走过程中能够轻而易举地扫除积雪、

寻找食物。第三，它的四肢非常粗壮，能够在大片的积雪中如履平地。

　　寒冷的青藏高原，造就了西藏披毛犀这一杰出的抗击风雪的战士，并且对整个披毛犀家族都具有极其深远的影响。冰河时期来临之后，披毛犀迅速地迁徙和繁衍，足迹几乎遍布了整个欧亚大陆北部，在冰天雪地里依然能优哉游哉的披毛犀实在应该感谢当年青藏高原对它们的锤炼(图 75)。

要是有厚"外套"，也许我们就不会灭绝了。

107

图 75　西藏披毛犀复原图

　　以往人们普遍认为，冰河时期的哺乳动物起源于北极地区，而在西藏札达的考察发现彻底改变了这一传统学说。不仅西藏披毛犀本身清晰地阐释了冰河时期起源的其他可能性，与它伴生的一些哺乳动物的后裔和近亲类群也都在中国北方、欧洲以及北美洲有所发现。我们有理由相信，冰河时期哺乳动物是极有可能起源于青藏高原的。

看我的大牙——师氏剑齿象

藏于甘肃省博物馆（图76）

　　和师氏剑齿象打个招呼吧！哦，不太熟？没关系，黄河象你肯定认识吧。小学语文课本上原先还有一篇著名的课文《黄河象》，讲的就是一只在黄河流域生活的师氏剑齿象由生到死，最终变为化石的故事。文章生动有趣，让人们记住了这只奇特的史前巨兽，也让人们了解了一些古生物学的原理和知识。如今，距离发现黄河象化石已有40余年，它的魅力丝毫不减。

失败的进化——

　　人们关注和记住黄河象很大程度上是因为它巨大的体形。剑齿象是最大的象类动物。以黄河象为例，身高4米，体长

图 76　师氏剑齿象化石骨架(复制品)

8 米,门齿的长度达到了 3 米,放在任何博物馆的展厅里都是令人叹为观止的奇观。剑齿象是象类家族进化谱系当中的一个旁支,并不是现如今存活在世界上的大象的祖先,严格来说,它们是象类演化过程中的一个失败的尝试。

距今 400 万年前,欧亚大陆北部的气候相对温暖,剑齿象的生活环境舒适,食物丰富,体形逐渐变得越来越大。而将这一趋势表现到极致的便是师氏剑齿象,它们在巨无霸的剑齿象家族里又成为最大的一个类群。然而不幸很快降临了。距今 250 万年前,冰河时期来临,欧亚大陆乃至全球的气温开始下降,动植物种群的结构也发生了巨大的变化。在低温、干燥、植被骤减的恶劣环境下,巨大的体形无疑成了剑齿象的负担。《黄河象》中那只老迈、衰弱,最终陷入淤泥而死的黄河象,正是象征了行将就木的师氏剑齿象家族。这些庞然大物最终不堪环境的重负,于距今 200 万年前从世界上灭绝了。剑齿象家族的其他成员,如体形较小的东方剑齿象,在困境中挣扎了一段时期,也因为身体各方面特征无法很好地适应环境的变化,在人类出现伊始也告别了历史舞台。这就是"适者生存"的道理。

1973 年,黄河象重见天日。时至今日,它仍然是已知最完整、体形最大的象类骨骼化石。它代表了一个时代的辉煌,却也标志着这个时代的终结,留给人们无限的遐想和深思。

凶残的杀手——巨鬣狗

藏于和政古动物化石博物馆(图 77)

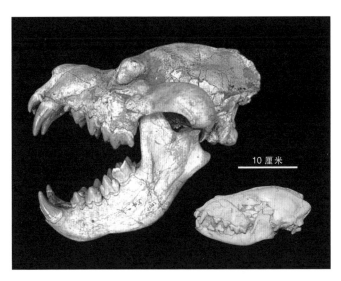

10 厘米

图 77 巨鬣狗(左)和鼬鬣狗头骨化石对比

巨鬣狗生活在 1000 万年前,是一个威风八面的捕食者。就像它的名字一样,巨鬣狗是鬣狗家族中体形最巨大的成员,体长超过 3 米,体重超过 380 千克,体形相当甚至略大于一只东北虎。在面对一只巨鬣狗的时候，那种压倒性的恐惧感是可想而知的。

它被误解了——

鬣狗从前一直被认为是嗜食腐肉的动物，动画片中的鬣狗也总是很猥琐的形象。其实，这真的是一个误会。现代的鬣狗一共有 4 种，其中斑鬣狗被证实是非常强悍凶残的捕食者。它们经常会集群狩猎，捕食角马、羚羊，甚至非洲野牛等。而被人们误认为食用腐肉是因为它们捕猎成功后经常被附近的狮子抢劫，而被迫吃狮子剩下的残羹剩饭，实在是既受委屈又背恶名。如此看来，生活于 1000 万年前的高大强壮的巨鬣狗就更应该是一位凶猛的猎手了，近几年的科学研究也都证明了这一点。几何形态学研究证明，巨鬣狗的面部结构使其具有非常强大的咬合力，可以轻松地咬碎猎物的骨头。而在巨鬣狗当时的生活地出土的大唇犀化石的额头上出现的凹陷伤痕，其尺寸与巨鬣狗的犬齿基本一致，充分说明了巨鬣狗的主动捕食行为。伤痕有愈合的迹象，表明这头大唇犀当时幸运地逃脱了被吃掉的命运。大唇犀的重量为 2.4 吨左右，巨鬣狗当年敢于对这样一个庞然大物进行追捕和剿杀，虽然没有成功，但其凶猛和魄力仍然令人生畏。看来巨鬣狗绝对是它那个时期的顶级捕食者，任何一个食草动物都要屈从于它的淫威之下。

巨鬣狗虽然名字里有个"狗"字，但是和狗的亲缘关系相当远，如果一定要攀亲戚的话，巨鬣狗和猫倒是更为接近。

三个脚趾也能飞奔——三趾马

藏于天津自然博物馆（图 78）

图 78　三趾马化石骨架

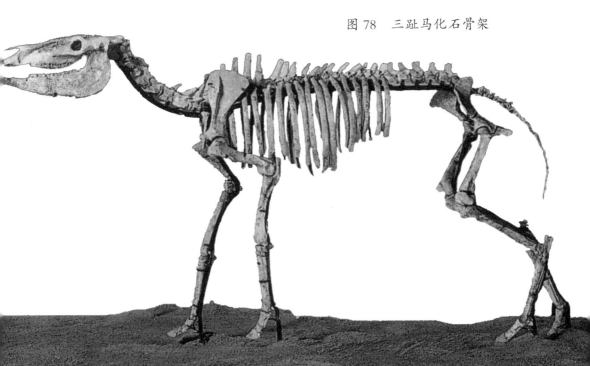

它是这个样子的——

三趾马是一种非常原始的马类，最早由德国古生物学家研究并命名，它的每只脚上都生有 3 个"趾"，所以早期中国学者把它的名字翻译为三趾马。大部分的早期马类都具有 3 个趾，三趾马的与众不同之处在于它的牙齿。结合马最早的祖先始祖马的 5 个趾可以看出，马类的脚部演化趋势是由 5 个趾演变为 3 个趾，最终演变成现在的单个马蹄。但是有一点必须在这里强调，三趾马并不是现代马的祖先，只是马类演化道路上的一个旁支。

奔跑健将——

三趾马于距今 1500 万年前起源于北美洲，最早的三趾马化石出土于美国得克萨斯州。当时，在很短的时间内，三趾马便广泛分布于北美洲，展现出其强大的适应能力。在距今 1200 万年前，全球气温进一步下降，两极的冰盖扩张，海平面下降。原先的白令海峡中出现了一条白令陆桥，三趾马便从这条陆桥迁徙到了亚洲。此时正值全球气候干旱化，草原环境迅速扩张,逐步取代之前的森林环境。三趾马的四肢细长,擅长奔跑,在开阔的草地上可以尽情飞奔。它们的牙齿齿冠非常高,面对粗硬的草本植物也能应对自如。这些优势使得三趾马很好地适应了当时的环境,同时也因为极强的移动迁徙能力,它们快速遍布于整个欧亚大陆和非洲大陆。三趾马不仅分布很广,体形大小、形态特征也很多样。目前在中国境内已发现的三趾马化石就有 20 种左右,北至内蒙古,东至山东,南至云南,西至新疆、西藏,都有它们的踪迹。它们有的和现代的马一般大,有的却比一只山羊大不了多少,有的还有像貘(mò)一样的长鼻子,非常奇特。三趾马在地球上延续了 1400 多万年的时间,在距今 50 万年前, 它们最终被演化更完善的单蹄马类所取代,退出了地球历史的舞台。

　　说到三趾马,就不得不说说天津自然博物馆。天津自然博物馆是中国博物馆中三趾马藏品最丰富的博物馆之一, 收藏有 11 种三趾马化石, 占全国已发现三趾马化石的一半以上。其中绝大部分为早年法国学者桑志华在河北、山西、甘肃等地考察时所收集的化石。我们今天能观赏到这些珍贵的化石,真的要感谢那些不懈奋斗的学者!

我是动画大明星——真猛犸象

藏于大庆博物馆（图79）

图79　真猛玛象化石骨架

就是不怕冷

同学们看过美国动画片《冰河世纪》吗？里面那只憨态可掬的猛犸象是不是给你们留下了深刻的印象？猛犸象可以说是冰河时期最著名的代表，它足迹遍布北半球，化石遗迹自不必说，就连其完整遗体都在西伯利亚的冻土层中有所保存。在中国，猛犸象的活动范围也非常广。现在我要介绍给你们的是真猛犸象——猛犸象家族里最进步、最具代表性的成员。中国的真猛犸象的分布范围覆盖了北纬 55 度至北纬 35 度的大片土地。1973 年，黑龙江省肇源县出土了中国第一具真猛犸象化石，中国的真猛犸象研究从此开始。

原来它这么庞大

2002 年和 2009 年，黑龙江省宾县和青冈县分别出土了一具真猛犸象化石。研究发现，这两具真猛犸象为一雄性成年个体和一雌性亚成年个体，是中国境内发现的最完整的真猛犸象化石，它们骨骼的完整程度达到了 90% 左右。《新闻联播》节目还对这一重大考古发现做了详尽的报道呢，可谓轰动一时。这两具真猛犸象拼装完成后，作为大庆博物馆的镇馆之宝与世人见面。其中雄象身长 7.5 米，高 4.5 米，雌象体形相对较小，但在展厅里也算得上是庞然大物了。

迁徙到更广阔的天地吧——

中国境内最早的真猛犸象生活于距今 3.4 万年前,这个时候正是真猛犸象从西伯利亚向中国迁徙的时期。真猛犸象迁徙到松辽平原之后,与披毛犀汇合,形成当时普遍分布的猛犸象－披毛犀动物群。根据统计,当时的真猛犸象在其所生活的动物群落之中占到了 27.8%,可算是当时的主要代表动物了。2 万年前,真猛犸象继续向南迁徙,最终遍布了中国北方的大部分地区,最南端延伸到了山东境内。这一次,真猛犸象的迁徙非常迅速,广度也大大超过了第一次迁徙。这是由于此时正值冰期的最高峰,海平面进一步下降,渤海竟然变成了内陆湖,而黄海的大片海域也变成了陆地。广阔的陆地环境促进了真猛犸象快速和大范围的迁徙。而且比起温暖的气候,严寒更能让这些身披厚重长毛的大家伙感到舒适,为它们的迁徙增添动力。

　　真猛犸象约 1 万年前从地球上消失了。究其原因，有人说是因为已经发展壮大的人类对它们进行了无节制的猎杀。多年以来，科学家一直在研究从冻土层中的猛犸象遗体中提取 DNA，用克隆技术让猛犸象复活，近些年已取得了一定进展。或许在不久的将来，活生生的冰河明星猛犸象真的会出现在我们的眼前！

"吃不饱"的巨人——天山副巨犀

藏于北京自然博物馆(图 80)

图 80　天山副巨犀化石骨架

怎么都这么大呢……

北京自然博物馆的哺乳动物化石展厅里陈列着一只令人震撼的巨兽。它昂首挺胸地屹立在展厅中央，相比之下，陈列在一旁的黄河象都成了"小弟弟"。它就是陆地上曾经生活过的最大的哺乳动物——天山副巨犀。天山副巨犀体长9米，肩高4米，体重15吨，生活在距今约3000万年前。可想而知，在那个时代，一群走在一起的天山副巨犀是何等壮观的场景。

巨犀起源于亚洲，最早发现的巨犀是在内蒙古二连盆地发现的小巨犀，生活在距今约4000万年前。巨犀出现之后向西扩张，足迹遍布中国、蒙古、哈萨克斯坦和巴基斯坦等地，最西端到达东欧的格鲁吉亚、罗马尼亚等地。巨犀一直生活至距今2000多万年前，生活在我国新疆的准噶尔巨犀和生活在巴基斯坦布格提地区的副巨犀都是巨犀家族的最后一批成员。

原来是"素食主义者"——

　　我们观看巨犀的身体便会发现，它们的外形与现代的犀牛相去甚远。现代犀牛粗壮笨重，而巨犀却长着长长的脖子和长长的腿。也许我们可以这样设想，巨犀平时是以高处的树叶为食的。而科学家对巨犀的分析也证实了这个推论。巨犀的牙齿相比它巨大的身躯来说是比较小的，而且牙齿的齿冠很低，结构也非常简单。这说明，巨犀的牙齿只能应对柔嫩多汁的食物，比如树叶。巨犀的颈部骨骼结构和现代的马较为相似，所以巨犀在站立时，颈部是向前上方伸出的。而且它们的前腿明显比后腿长，在站立时，前半身可以显著抬高。根据巨犀的这一系列身体特征来看，它们是以食用树顶上的叶子为生的（图81）。

图81　巨犀头骨化石

巨犀生活的年代，气候非常温暖湿润，植被茂盛，尤其是森林环境广泛分布。广布的树木给巨犀提供了充足的食物，使它们一时间在整个亚洲繁盛发展。但是好景不长，在树木开始减少的岁月里，巨犀得不到充足的食物补给，它那陆地哺乳动物首屈一指的庞大身体又有着巨大的能量消耗，这种入不敷出的境地终于使巨犀无法生存下去，逐渐消亡了。

马中第一长脸——埃氏马

藏于和政古动物化石博物馆（图 82）

图 82　埃氏马化石骨架

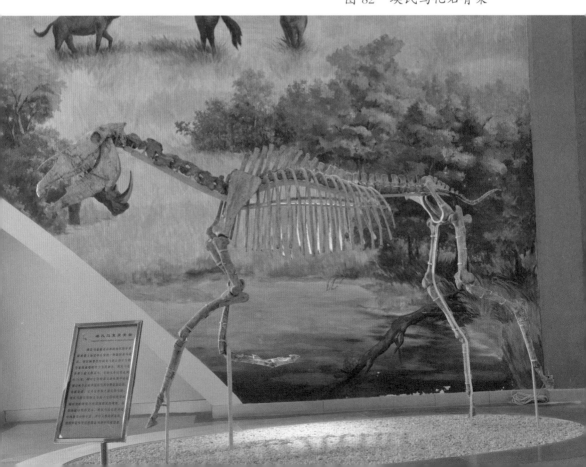

甘肃省的临夏盆地可谓古哺乳动物化石之乡，这里出土化石的丰富程度在世界上都是负有盛名的。这里出土了世界上最大的鬣狗——巨鬣狗，出土的泥河湾披毛犀直到2010年之前都保持着世界最早披毛犀的地位，出土的铲齿象化石极度丰富，每个年龄段的化石均有出土。除此之外，大量和政羊、三趾马化石也为我们讲述着当年壮阔的草原生态环境，令人心驰神往。2004年，又一项具有轰动效应的考察发现出现于临夏盆地。科学家在临夏盆地的龙担地区发现了一种新的马类动物。它不是以前在此地发现的三趾马，而是和现代马同属于真马类。在后来的研究中，它被科学家命名为埃氏马。

小贴士：真马是古生物学上对现代马的称呼。

它是这个样子的——

马给人们最深刻的印象就是长着一张大长脸，而这一点在埃氏马的身上体现得尤为突出。在和政古动物化石博物馆展出的这具埃氏马骨架，它的头骨全长超过70厘米，比迄今为止发现的所有马的头骨都长，是世界上"脸最长"的马。然而有一点却非常奇怪，埃氏马虽然长着"马中第一长脸"，但是它的四肢却相对较短，长度只与一般的大型马类相当。

经过科学家的仔细研究认定，埃氏马是一种非常原始的真马类。欧亚大陆上的真马类，包括各种马和驴类，都是距今250万年前从北美洲迁徙而来的。埃氏马的各方面体态特征介于北美土著马类和欧亚大陆马类之间，甚至有一些特征更接近于北美土著马类。现代的北欧等地有一种体形巨大的用于拉车和载重的马，我们会想，这种巨大的马是否有埃氏马的血统呢？实际上这两者是基本没有关系的。正如上文所述，埃氏马是一种非常原始的马类，而现代人类所使用的工作用马都是由距今几万年前才出现的非常进步的马驯化并杂交选育而来，而且埃氏马只发现于甘肃龙担地区距今200万年左右的地层中，可见在现代马出现之前，埃氏马早已灭绝了。

被人类打败的猛兽——锯齿似剑齿虎

藏于中国古动物馆(图 83)

图 83　锯齿似剑齿虎头骨化石

提到剑齿虎,想必大家都不会陌生。这种相貌十分威武的"大猫"极易给人带来视觉冲击,让人印象深刻,近几年在诸如《冰河世纪》《史前一万年》等影片热播之下,剑齿虎更是家喻户晓,成为新生代哺乳动物中的代表。

它如此可怕——

我们平常所说的剑齿虎是一个广义上的称呼,指的是亲缘关系相近的一群长着发达獠牙的"大猫",现在讲的也是这个大家族中的一个门类——锯齿似剑齿虎,简称锯齿虎。这一件化石收藏于中国古动物馆,是一件几乎完整的头骨化石,尤

其是它那标志性的令人望而生畏的一口利齿很好地保留了下来。正如它的名字所描述的那样,锯齿虎那颗巨大的上犬齿边缘发育有锯齿。从前人们普遍认为,剑齿虎家族在捕猎时是用巨大的獠牙将猎物撕成碎片的,而事实上剑齿虎一族的巨大牙齿并没有人们想象的那么坚固,如果真的用来撕扯和切割大型食草动物的皮肉是非常容易断裂的。这对大牙的真正用途类似于匕首,径直插入猎物的身体,造成一个很大的创口,使猎物因失血过多而失去抵抗和逃跑的能力。锯齿虎牙齿上的锯齿更加充分地支持了这个论点,锋利的锯齿在刺入猎物皮肉之后能更有效地扩大创口,大大增加猎物的出血量(图84)。

图 84 锯齿虎捕猎复原图

它这样消失——

  锯齿虎生活在距今 200 多万年前，当时广泛分布在亚、欧、美、非各大洲。锯齿虎的体形并不大，并且一直没有大型化的趋势。这可能是由于当时已经出现洞狮那样更加高大、强壮的捕食动物，锯齿虎必须要保持体形纤巧、灵活敏捷的独特优

势。另外，锯齿虎的群居生活和集体捕猎也是一个生存法宝。美国得克萨斯州的福瑞森汉洞里曾经发现过 30 头以上锯齿虎和 300 多头幼年猛犸象的化石。可见群居生活和集体狩猎令锯齿虎拥有充足的食物来源，在激烈的竞争中能占据一席之地。不过，这一优势只能延续一时，在距今 40 万年至 20 万年前，人类已经掌握了火的使用以及非常先进的石器打制技术。强大的技术在面对任何自然界捕食者时都占据着压倒性的优势，锯齿虎自然也是完全招架不住。在人类这一前所未有的强大竞争者面前，锯齿虎不得不离开了它热爱并生活了上百万年的土地，永远成为历史。

中华民族的偶像——古中华虎

藏于中国古动物馆（图85）

2010年是虎年，这一年，中国古动物馆开展了名为"王者

图85　古中华虎头骨化石

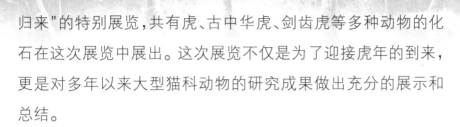

归来"的特别展览，共有虎、古中华虎、剑齿虎等多种动物的化石在这次展览中展出。这次展览不仅是为了迎接虎年的到来，更是对多年以来大型猫科动物的研究成果做出充分的展示和总结。

虎是中国人崇拜的动物之一。由于虎自古以来在中国境内都是自然界顶级的猎食者，因此一直都被国人尊为百兽之王。虎强大的力量和威严的形象是古人崇拜它的最大缘由。老百姓在家里陈设以老虎为主题的装饰品，希望借助老虎的力量祛除邪祟；大人给孩子穿虎鞋戴虎帽，希望小朋友们在老虎的庇佑下茁壮成长。虽然我们都崇拜老虎，但也许并不是每个人都知道，我们这位偶像和保护神究竟是从何处而来的。中国古动物馆收藏的古中华虎为我们做了解答。

虎的前世今生

1924年，奥地利古生物学家师丹斯基得到一件来自河南渑(miǎn)池的大型猫科动物的头骨化石。师丹斯基对这件化石进行了研究，认为这种生物兼具虎、豹和狮子三种动物的特征，所以是一个全新发现的物种。1967年，德国科学家海默又对这个物种进行了详细的研究，发现它的绝大多数特征都与虎更为接近，是迄今为止发现的与虎最为接近的动物化石。

这种动物便是古中华虎，它生活在距今 200 万年前，是现代虎的祖先，个头儿比现代虎要小。在古中华虎出现后的 100 万年之后，现代虎便开始出现。只不过那时候的老虎体形比现如今还要大，而且从发现的化石情况来看，数量也非常多，可算是同样生活在那个时代的人类祖先的一个极大威胁。

自古中华虎以来，虎曾在亚洲广泛分布，但并没有扩散到其他大洲。现在，由于人类无限制地扩张和对环境的破坏，虎的生存已经是岌岌可危。为了保护这个延续了 200 万年的神奇物种，也为了保护我们生存的环境，请努力保护我们共同的地球母亲吧！

第五章

植物的故事

在志留纪，地球表面发生了巨大的变化，海洋面积减小，大陆面积扩大，植物终于从水中开始向陆地发展，为生命世界开拓了新的领域，永久性地改变了自然景观，为几乎所有高等生命的演化铺平了道路。

　　在地球 46 亿年的漫长历史中，是植物给这个星球带来了绿色生命，带来了生机与活力，植物之美蕴藏着难以言说的生命奥秘。从最早的单细胞植物蓝藻到如今郁郁葱葱五彩缤纷的高等植物，植物以顽强的生存意志书写着这个星球的生命传奇。历经环境巨变，植物顽强地生存下来，不断改变自身形态，产生了令人惊叹的美。植物有着动物无法比拟的生存能力，也有着惊人的再生天赋。

　　在寻求阳光的竞争中，植物逐渐远离了地面，长得越来越高，并以茂盛葱茏的枝叶给地球披上了绿荫；在冰川时期到来之时，植物以落叶抵御严寒，为世界增添了无限的迷离与绚烂；在1亿年前，植物绽开了花朵，这个世界上最令人惊奇不已的现象发生了。为了繁殖，植物生长出美艳惊人的性器官：花儿带来了子房，子房包裹着胚珠，胚珠受精后发育成种子。凭借花朵，植物完成了有性繁殖，实现着生命的延续。人在花朵的美丽中看到了自身生命的短暂，而植物却以这种美的无限轮回实现着不朽。

植物是地球上出现最早的生命，已经有36亿年的历史了，根据植物体的分化程度，可分为高等植物和低等植物两种。简单地说，一般无根、茎、叶的分化，生长于阴湿条件下的是低等植物，而有根、茎、叶的分化，有输导系统，适应于各种陆生环境的，则称之为高等植物。

植物也跟动物一样经历了由低等到高等，由简单到复杂的演化过程，主要有以下几个阶段：菌藻植物阶段、早期维管植物阶段、蕨类和古老裸子植物阶段、裸子植物阶段、被子植物阶段。

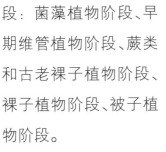

水中的精灵——原始藻类

藻类是所有植物中最古老的,大多数藻类生活在水中。它们的结构非常简单,每个可见的个体都没有根、茎、叶的区别,而是一个叶状体。藻类的化石记录可追溯至前寒武纪,某些藻类化石是重要的标准化石,广泛应用于石油勘探。它们以多种形态出现,从单细胞到多细胞,化石通常见于那些细胞结构被硅质或碳酸钙质填充,或是发育硬壁的胞囊类型。藻类在生长的过程中,向大气释放氧。因此,前寒武纪时期由于藻类的作用,大气的组成发生了改变。

哈哈,我们是宏体植物!

我们已经知道植物起源于 36 亿年前,但那时候的植物和现在可是迥然不同的。那时候没有花团锦簇,也没有枝繁叶茂,而是只有生活在茫茫大海里的微体植物,也就是肉眼很难看到的植物。至于能被看见的植物,也就是宏体植物的出现,还是最近几亿年的事了。

在我国安徽省休宁县蓝田镇，一个具有历史意义的生物化石群重见天日，那就是蓝田生物群——最早的宏体生物群。它包含了形态多样的扇状和丛状生长的海藻以及各种早期动物，古生物学家从中至少能识别出 15 个不同形态类型的宏体生物。这些生物化石不仅保存非常完整，而且没有经过任何外力侵蚀和搬运，对生物体本身以及当时的生态环境的研究有着极其重大的意义。

　　然而蓝田生物群最大的意义还远远不止于此。经过研究和论证，古生物学家发现蓝田生物群是迄今为止世界上所发现的最早的宏体生物群，这些简单但是十分奇特的生物生活在距今 6.35 亿年至 5.8 亿年的遥远的时代里。而在此之前，世界上最古老的宏体生物组合是在澳大利亚等地发现的"埃迪卡拉生物群"，距今 5.79 亿年至 5.4 亿年。蓝田生物群刷新了古代宏体生物群的世界纪录，是我国古生物资源的瑰宝、国人的骄傲。

　　众所周知，寒武纪生命大爆发是地球生物繁盛的发端，吸引着世界各地的古生物学家和地质学家做着坚持不懈的研究。而前寒武纪时代的生物演化对于寒武纪生命大爆发的研究也有着极其重大的意义。蓝田生物群作为一个保存完整，而且有年代意义的前寒武纪宏体生物群，其研究的前景不可估量。

由水到陆的第一步

地球上最早的陆生植物化石出现在志留纪晚期至泥盆纪早期的陆相沉积物中，表明距今近 5 亿年前植物已由水域推向陆地，成功实现了登陆。

植物登陆这最早的一步从距今大约 5.2 亿年前开始迈出。当然，这个时期的植物并不具有维管组织，只是一些苔藓、地衣等细小的、不能完全脱离水体的植物。这些先驱登陆者在漫长的地质历史时期逐渐改变着陆地上的生存环境，使得土壤由荒凉贫瘠变得肥沃松软。这样的过程大约持续了 1 亿年。到了距今大约 4.2 亿年时，植物已经初步具备了在陆地上生存的能力。那时的植物比较简单，并不能占领所有的陆地生态域，只能在水边生活。在距今 4 亿年左右的时候，也就是泥盆纪，维管植物进入了一个大发展时期，这个阶段成了植物最终完成登陆的一个阶段。植物可以完全脱离水体，占领地球的不同生态域，并且形成了一定规模的森林。泥盆纪时期植物的类型多样，除被子植物以外，地球上曾生活过的植物在泥盆纪都可以发现。

早期有代表性的陆生植物是一种叫顶囊蕨（图 86）的植物。它的结构比较简单，枝条上分几个权，顶上的一个圆球是它的孢子囊，里面有三缝孢。这种植物很小，也没有叶子，但它已具备了维管组织，具备了长有气孔的角质层。根据所发现化石的分布地点,这种植物主要分布在当时的北半球;而在当时的南半球,最具代表性的则是一种叫巴兰德木的植物。这种植物与顶囊蕨相比形态结构相对复杂,属于不同的类型。它与如今的蕨类植物石松十分相像,长有很多小"叶子",呈螺旋状排列。

顶囊蕨和巴兰德木两种"代言"植物说明,在距今大约 4.2 亿年前的时候,地球上不仅已经有了纯粹的陆生植物,而且植物还存在着一定的区域划分。而造成植物这种南北半球分区

我是北半球植物的"代言人"!

图 86　陆生植物顶囊蕨化石
　　　及其复原图

的原因,科学家认为主要取决于当时的气候。

在我国发现的古植物化石群——

在我国新疆准噶尔盆地的西北缘发现了距今 4.15 亿年前的、目前世界上已知保存最好的古植物化石群,那里陆生植物类型非常丰富,包括一些早期的陆生植物。其中一种植物可视为现在的某些植物的雏形,它的茎秆已有多重分杈,杈的顶端有一个孢子囊,孢子囊上长了很多刺。

千万可别小看这几根不起眼的小刺:首先,刺增加了植物表面的面积,有利于更好地进行光合作用;其次,像现在干旱地区的植物一样,早期陆生植物的叶子都是条状、刺状、针状,这样有利于防止水分的蒸发;再次,这些刺使植物有了自我保护能力,从另一个侧面说明当时陆地上已经有了动物。而古动物

研究的结果恰好起到了佐证的作用，证明当时确有与现在昆虫相似的节肢动物在陆地上出现了。

征服陆地的过程

在志留纪，由于剧烈的造山运动，地球表面发生了巨大的变化，海洋面积减小，陆地面积扩大。作为陆生高等植物的先驱，低等维管植物开始出现并逐渐占领陆地。这些植物面对"缺水"的环境，演化出了输水性能较好的维管结构，逐渐适应了陆地干燥的环境，它们就是最原始的陆生蕨类植物。植物终于从水中开始向陆地发展，陆生植物成为生命征服陆地过程中的先锋。

植物登上陆地，也为生命世界开拓了新的领域，永久性地改变了自然景观，为几乎所有高等生命的演化铺平了道路。泥盆纪是植物大发展的时期，除了被子植物以外，所有的植物类型在当时都已经出现了（图87）。

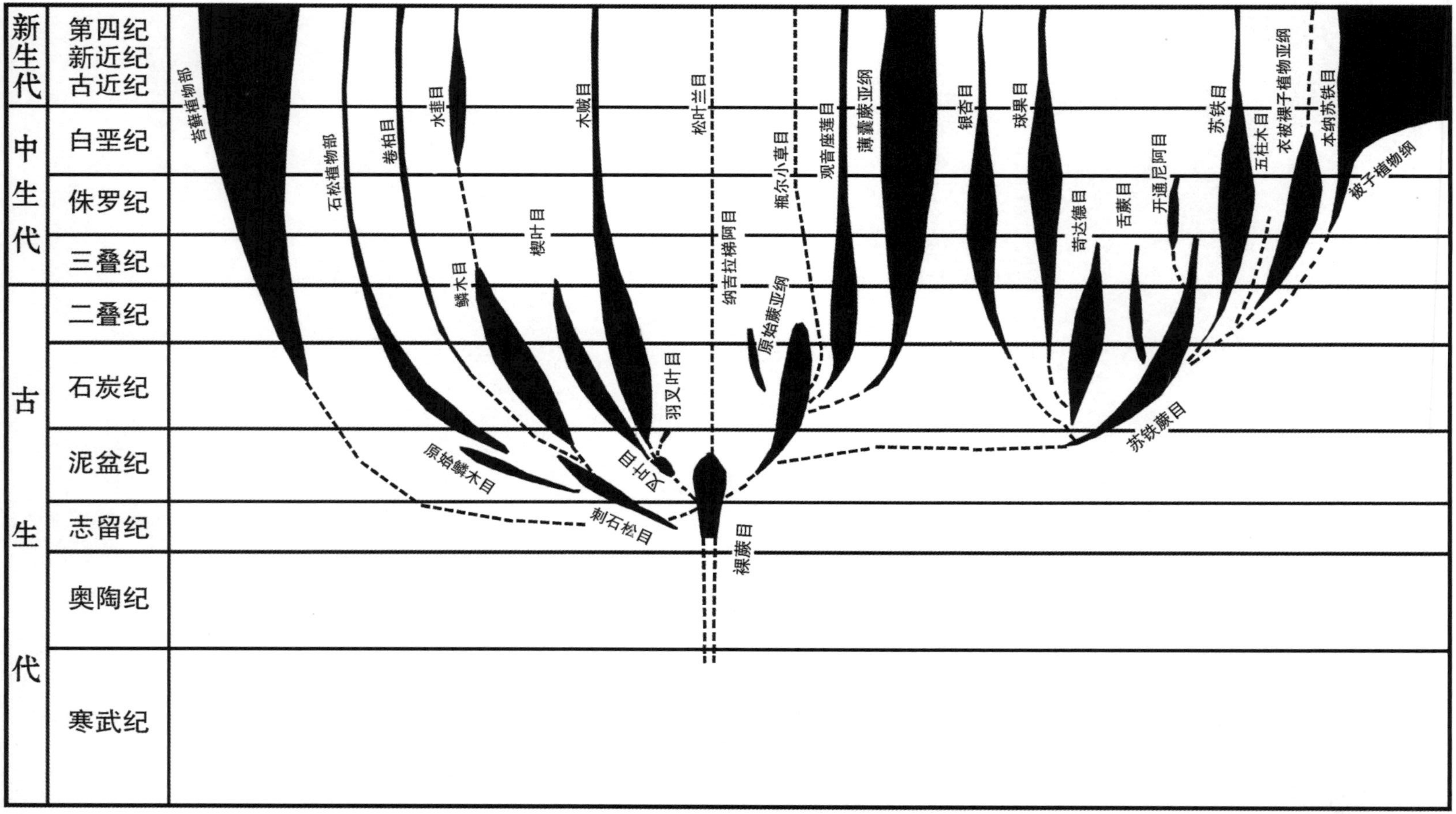

图 87　高等植物演化的地质年代表

		第四纪 新近纪 古近纪	白垩纪	侏罗纪	三叠纪	二叠纪	石炭纪	泥盆纪	志留纪	奥陶纪	寒武纪
新生代											
中生代											
古生代											

在蕨类植物发展的早期，最引人注目的是石松类，它是蕨类植物中最古老的一个类群，出现在距今 3.7 亿年前的泥盆纪早期，由裸蕨植物中的工蕨类植物演化而来，是最早的陆生维管植物。当时它的原始类型相当繁盛，大多是草本植物，形态结构比较简单，有的甚至还没有叶和根的分化。大约经历了1100 万年的演化，石松类植物开始分成两条路线发展，一条路线是草本，另一条路线是木本。石松类植物的草本类型有石松和卷柏，木本类型主要是生活在石炭纪和二叠纪的鳞木和封印木。下面是一些早期陆生植物的复原图(图 88—图 91)。

图 88　大阿格劳蕨复原图

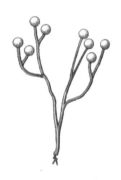

图 89　库克逊蕨复原图

图 90　莱尼蕨复原图

图 91　工蕨复原图

煤的形成

地质历史时期有很多个成煤时代，石炭纪的煤炭主要由大型石松类植物演变而来。石炭纪时期，地球气候温暖湿润，无数高大的蕨类植物组成了当时的陆地森林。然而到了古生代末期，随着气候变干，蕨类植物迅速衰退，那些高大的木本蕨类植物几乎全部灭绝。蕨类植物的遗体在湖泊沼泽中大量堆积掩埋，经过漫长的腐烂变质炭化过程后，形成大范围的煤层。今天地下的煤层绝大部分形成于那个时期，地质历史上的石炭纪也因此得名。

迎来了裸子植物时代

一提到中生代，人们马上就能想到恐龙。但是，在中生代还有另外一个重要的角

146

色,它在那个时代的开拓成果可以说能和恐龙平分秋色,甚至我们要说,没有了它,恐龙也无法在地球上生存下去。是什么生物类群如此重要呢? 它就是裸子植物。

在距今 2 亿多年前的二叠纪晚期,气候向着干燥和寒冷转化。当时广泛分布的蕨类植物都是依靠发散孢子进行繁殖,而寒冷干燥的气候使得孢子的萌发变得越来越困难。就在这时,依靠具有硬皮保护的种子进行繁殖的裸子植物悄然登上了历史舞台,很好地适应了当时的环境并大规模扩散开来。

中生代是裸子植物的时代,裸子植物不但数量极多,形体也都十分高大,构成了大片壮观的原始森林。庞然大物恐龙悠闲地在裸子植物森林里漫步和进食是中生代典型的景观。

中生代的植物以下面这些为主(图 92—图 96)。

我们都是生活在中生代的植物!

图 92 苔藓类

图 93 石松类

我们在中生代与恐龙平分秋色!

图 94 蕨类　　　图 95 裸子植物　　　图 96 被子植物

最古老的银杏——义马银杏（图97）

我们经常能在路边的绿化带上看到银杏树，它那极具特点的扇形叶片给人们留下了很深的印象。银杏是一种神奇的植物，它的寿命很长，人称千年银杏。它的高度可以达到数十米，果实有着很高的药用价值，而且，银杏是200多万年前的第四纪冰川活动之后所存活下来的最古老的裸子植物，也就是人们常说的活化石。

银杏最古老的近亲出现在2亿多年前，而银杏的大繁盛则在距今1亿多年前。那么，银杏到底是在什么时候起源的呢？这个问题，古生物学家在河南省找到了答案。

图97　义马银杏化石

最古老的银杏——

义马盆地位于河南省义马市，是中原地区唯一的中生代产煤地区。而它的重大意义不止于此，这块盆地中保存有大量精美的中生代动植物化石，被誉为河南省十大最具科学价值的地质遗迹，是研究古生物与古生态的极佳地点。就是在这大批出土的化石当中，义马银杏横空出世。

根据古生物学家的研究，义马银杏是迄今为止发现的最古老的银杏，生存于距今 1.8 亿年至 1.2 亿年前。这个发现非同小可，它对银杏的起源和演化的研究有着巨大的意义，堪称银杏研究领域的里程碑。

为了纪念义马银杏的发现，第五届和第六届国际古植物大会都是以义马银杏为会徽。在 2010 年的上海世博会上，义马银杏化石作为河南省最具有代表性的地质资源和文化代表，于 9 月 13 日在河南馆向公众展出。

绽放花之绚丽

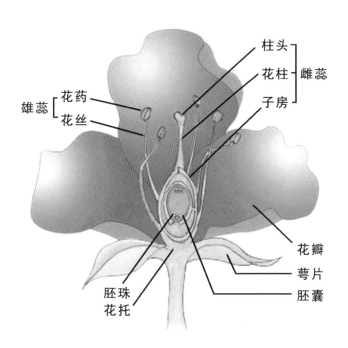

雄蕊 [花药
        花丝]

柱头]
花柱 雌蕊
子房]

花瓣
萼片
胚囊

胚珠
花托

图 98　花的结构

植物进化史的三个重大事件

　　植物之美,莫过于花。花是植物中最先进的类群——被子植物特有的繁殖器官(图98)。因为这一点,被子植物又被称为显花植物。由水登陆,从孢子繁殖到种子繁殖,再到形成既能吸引昆虫传粉又能把种子幼体(胚珠)包被起来(防止噬咬)的花,分别是植物进化史的三个重大事件。进入被子植物时代,有了真正的花后,大地才开始变得绚丽多彩,生机盎然。

讨厌之谜——

100 多年前，达尔文向整个人类揭示了生命的演化历程。然而，在他年过六旬以后，却因为小小的花朵产生了无尽的烦恼。

原来，他从当时已经找到的化石中发现，在距离我们 1 亿年左右的史前时代，花朵已经遍布世界，但如果再往前追溯，这些会开花的植物却神秘地失踪了，完全找不到它们演化的证据。开花植物失去了踪影，如果真是这样，就违背了达尔文自己提出的关于物种逐渐演化的观点。

达尔文给朋友写了一封信，把这个无法解释的现象称为"讨厌之谜"。几年以后，这位生物进化论的开创者去世了。他把"讨厌之谜"和无数辉煌的成就一起留给了后世。

此后，这个谜团一直困扰着人们。终于，在达尔文去世 1 个多世纪后，这个令他讨厌的谜终于在我国辽西地区出土的中生代植物化石标本中得到了一些解答。

分别藏于中国科学院南京地质古生物研究所、中国地质博物馆和辽宁古生物博物馆(图99—图102)

世界上最古老的花都发现在中国,好自豪啊!

图 99 "第一朵花"——辽宁古果化石及其复原图

图 100 "第二朵花"——中华古果化石及其复原图

图 101 "第三朵花"——十字里海果化石及其复原图

第五章 植物的故事

153

图 102 "第四朵花"——李氏果化石及其复原图

上面的花和我们平常意义上的花是不同的，它们是迄今为止发现的最早的被子植物。

这些早期被子植物一般是指白垩纪晚期(距今 9400 万年)之前的被子植物，它们的形态结构与现生被子植物有较大的区别。1998 年,科学家们终于找到了解开"讨厌之谜"的希望。

1998 年注定是我国古生物学界不平凡的一年，首先是古昆虫学家任东在美国的《科学》杂志上发表了对发现于辽西义县组地层的喜花昆虫化石的研究成果，创造性地从昆虫的习性角度预测了被子植物的存在。仅仅过了 7 个月,《科学》上刊登了孙革等科学家有关中国辽西北票黄半吉沟义县组迄今为止最早的"花"——辽宁古果的报道。

辽宁古果是水生草本被子植物。它生存于距今 1.3 亿年到 1.25 亿年前,形态非常原始:茎枝细弱,叶子细而深裂,没有花瓣也没有花萼,根不发育,反映了水生性质。孙革等因此而指出,被子植物有可能是水生起源。这一研究新进展为全球被子植物起源研究提供了新的思路。

寻觅辽宁古果的过程漫长而又曲折。1990 年的夏天，古生物学家孙革、郑少林领衔的考察队在黑龙江鸡西地区发现了距今约 1.3 亿年的被子植物的化石，其中的花粉被美国著名孢粉学家布莱纳教授认为是"全球最早的被子植物花粉"。在从1990 年到 1996 年前后 6 年的时间里，孙革、郑少林等科学家在辽西又发现了一些"似被子植物"，但真正可靠的被子植物还没能发现。

1996 年 11 月的一天，一位刚从辽西野外回来的同事为孙革送来了 3 块化石，其中第三块化石可以清楚地观察到包裹着种子的果实。当晚，"辽宁古果"这个新的分类群便被确定了下来。

1998 年 11 月，辽宁古果登上了美国《科学》杂志的封面。一时间，"地球最古老的花发现在中国"的标题见诸世界各大媒体。当年，美国古植物学家 W.克瑞派教授更是乐观预言说："辽宁古果的发现，使破解达尔文'讨厌之谜'不会超过 10 年。"

在后来的研究中，孙革逐渐将辽宁古果的样貌还原：它是水生草本被子植物，没有花萼，也没有花瓣，柱头未完全分化，雄蕊大多成对状生,具单沟状花粉。由于辽宁古果距今时代最早,因此也被称为"迄今为止世界最早的花"或"第一朵花"。随着孙革教授所领衔的科考队的不懈努力,地球上"第二""第三"和"第四"朵花也相继被发现。2002年,孙革等古生物学家报道了来自辽西的"第二朵花"——中华古果,2007年美国科学院院报上发表了我国东北地区化石中发现的"第三朵花"——十字里海果,2011年,英国《自然》杂志报道了来自辽西的"第四朵花"——李氏果,它是迄今为止发现的最古老的真双子叶被子植物化石。

这些被子植物的发现,为世界古生物化石的研究添加了更加绚丽的色彩。

小贴士:在上海世博会期间,辽宁馆向世界人民展现了包括"世界上第一只鸟"(其实是一种恐龙)、"世界上第一朵花"在内的10件珍贵化石标本。其中一件是中华龙鸟化石,距今约1.25亿年的中华龙鸟的发现证实了鸟类是从恐龙演化而来的,是20世纪最重要的科学发现之一。另外一件就是"第一朵花"——辽宁古果化石,它是最早的被子植物,已经具备花的基本特征。辽宁古果化石受到的关注丝毫不亚于中华龙鸟化石,它曾登上美国《科学》杂志的封面。

博物馆参观礼仪小贴士

同学们，你们好，我是博乐乐，别看年纪和你们差不多，我可是个资深的博物馆爱好者。博物馆真是个神奇的地方，里面的藏品历经千百年时光流转，用斑驳的印记讲述过去的故事，多么不可思议！我想带领你们走进每一家博物馆，去发现藏品中承载的珍贵记忆。

走进博物馆时，随身所带的不仅仅要有发现奇妙的双眼、感受魅力的内心，更要有一份对历史、文化、艺术以及对他人的尊重，而这份尊重的体现便是遵守博物馆参观的礼仪。

1.进入博物馆的展厅前，请先仔细阅读参观的规则、标志和提醒，看看博物馆告诉我们要注意什么。

2.看到了心仪的藏品，难免会想要用手中的相机记录下来，但是要注意将相机的闪光灯调整到关闭状态，因为闪光灯会给这些珍贵且脆弱的文物带来一定的损害。

3.遇到没有玻璃罩子的文物，不要伸手去摸，与文物之间保持一定的距离，反而为我们从另外的角度去欣赏文物打开一扇窗。

4.在展厅里请不要喝水或吃零食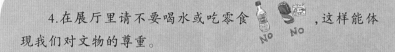，这样能体现我们对文物的尊重。

5.参观博物馆要遵守秩序，说话应轻声细语，不可以追跑嬉闹。对秩序的遵守不仅是为了保证我们自己参观的效果，更是对他人的尊重。

6.就算是为了仔细看清藏品，也不要趴在展柜上，把脏兮兮的小手印留在展柜玻璃上。

7.博物馆中热情的讲解员　　　　是陪伴我们参观的好朋友，在讲解员讲解的时候不要用你的问题打断他。若真有疑问，可以在整个导览结束后，单独去请教讲解员，相信这时得到的答案会更细致、更准确。

8.如果是跟随团队参观，个子小的同学站在前排，个子高的同学站在后排，这样参观的效果会更好。当某一位同学在回答老师或者讲解员提问时，其他同学要做到认真倾听。

记住了这些，让我们一起开始博物馆奇妙之旅吧！

博乐乐带你游博物馆

我博乐乐来啦，哈哈！上次带着大家游览了几个很有特色的博物馆，相信同学们已经领略到博物馆的神奇了。这次，让我们继续博物馆之旅，去看看那些收藏了化石的博物馆，寻找生命演化的足迹吧！

中国古动物馆

地址：北京市西城区西直门外大街142号

开馆时间：周二至周日 9:00—16:30
（周一闭馆）

门票：成人票 20 元，学生票 10 元

电话及网址：010-88369280

http://www.paleozoo.cn/

这个寒假，老师留了一项特殊的寒假作业——了解生物的演化，这让我有点儿挠头，好在北京就有一处完成作业的好地方，出发！

没错，我说的就是中国古动物馆，快看，沱江龙和永川龙正在门口欢迎大家呢！它们数年如一日地站在门口欢迎参观的游客，风雨无阻，来跟它们打个招呼，感谢它们的辛勤工作吧。

我首先来到一层西厅的古脊椎动物展厅。一进门，就看到展厅中央巨大的龙池，真是壮

观。青岛龙、马门溪龙和霸王龙三个陆地巨无霸威风凛凛地站在龙池中央，告诉我们它们曾经是这个星球的霸主。单脊龙和沱江龙正在龙池的角落里做着你死我活的厮杀，让我们真真切切地感受到大自然弱肉强食的残酷。环绕着一楼龙池的是低等脊椎动物展厅，这里主要展出的是鱼类和两栖类动物的化石，它们可是脊椎动物里最早的成员。

二层是爬行动物展厅，看，龙池里的马门溪龙抻着长长的脖子向我们打招呼呢，它的个头儿可真大啊。在它微笑的脸下面就是一块马门溪龙的大腿骨化石，这可是全馆唯一一块可以触摸的化石，还等什么，赶快来和恐龙零距离接触吧！

小提示： 中国古动物馆是中国科学院古脊椎动物与古人类研究所创建的，是中国第一家以古生物化石为载体，系统普及古生物学、古生态学、古人类学及进化论知识的国家级自然科学类专题博物馆，也是目前亚洲最大的古动物博物馆。

小提示： 二层展出的是恐龙化石和形态各异的多种爬行动物化石，包括著名的翼龙和鱼龙。中国古动物馆的镇馆之宝，囊括了恐龙界多项第一的许氏禄丰龙也在这里。

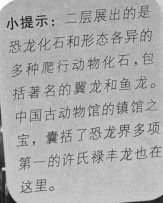

161

刚上到三层，就发现好几个大块头站在展厅中央，其中就有家喻户晓的黄河象，它的个头儿可是跟恐龙有一拼呢。原来，这里是哺乳动物展厅。这一层中最具意义的展品便是西藏披毛犀了，它的发现改变了人们对冰河时期历史的认识。

中国古动物馆之旅到此结束了，我的作业也能完成了，不过，这次的参观激起了我的兴趣，假期里我要去更多博物馆体验远古世界的魅力。

原来，曼尼、希德以及他们的伙伴们，有相当一部分是来自西藏的！

小提示：三层东面是古人类展厅，这一展厅里包含了人类从南方古猿到智人的整个演化过程。在这里，我们能看到元谋人、北京人和山顶洞人当时的生活风貌。一件件石器，做工十分精美，你能想象得到这些都是出自我们印象里挥舞着木棒、怪叫不止的原始人之手吗？

真是疯狂的原始人啊！

162

大庆博物馆

地址:黑龙江省大庆市开发区火炬新街
　　　教育文化中心

开馆时间:周二至周日 9:00—16:00
　　　　　周一闭馆(除国家法定节假日)

门票:免费参观

电话及网址:0459-4617271

　　　http://www.dqsbwg.com/

小提示: 大庆博物馆是国内首家以东北第四纪古环境、古动物与古人类为主题的综合性博物馆。馆藏化石、标本和文物逾 20 万件,填补了国内东北第四纪哺乳动物化石系统收藏的空白。

哇,千里冰封,万里雪飘,北国风光真是太美啦!不不不,冰灯先等等,寒假博物馆之旅的第二站,应该是设在我国东北石油重镇大庆的大庆博物馆。

一进入大庆博物馆的大门,我就被眼前的一幕惊呆了,好宏伟的大厅!大厅的正中央摆放着巨大的猛犸象复原铜像。在猛犸象铜像的两边,分别是东北野牛和披毛犀的复原铜像。站在它们的面前,我顿时感到自己是那么渺小。可以想象,在远古时期,这些庞然大物在这片土地上闲庭信步的景象是多么壮观。铜像后面是弧形的巨幅浮雕,各种生物摆着各种姿势活跃在这张远古画卷之上。

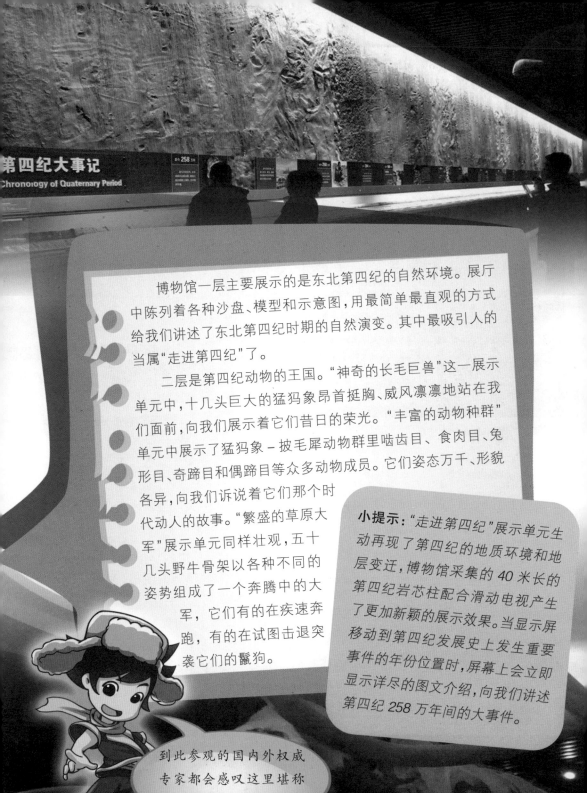

博物馆一层主要展示的是东北第四纪的自然环境。展厅中陈列着各种沙盘、模型和示意图，用最简单最直观的方式给我们讲述了东北第四纪时期的自然演变。其中最吸引人的当属"走进第四纪"了。

二层是第四纪动物的王国。"神奇的长毛巨兽"这一展示单元中，十几头巨大的猛犸象昂首挺胸、威风凛凛地站在我们面前，向我们展示着它们昔日的荣光。"丰富的动物种群"单元中展示了猛犸象－披毛犀动物群里啮齿目、食肉目、兔形目、奇蹄目和偶蹄目等众多动物成员。它们姿态万千、形貌各异，向我们诉说着它们那个时代动人的故事。"繁盛的草原大军"展示单元同样壮观，五十几头野牛骨架以各种不同的姿势组成了一个奔腾中的大军，它们有的在疾速奔跑，有的在试图击退突袭它们的鬣狗。

小提示： "走进第四纪"展示单元生动再现了第四纪的地质环境和地层变迁，博物馆采集的 40 米长的第四纪岩芯柱配合滑动电视产生了更加新颖的展示效果。当显示屏移动到第四纪发展史上发生重要事件的年份位置时，屏幕上会立即显示详尽的图文介绍，向我们讲述第四纪 258 万年间的大事件。

到此参观的国内外权威专家都会感叹这里堪称"中国唯一、世界仅有"！

三层便是古代人类展区。这里展示了从旧石器时代到古代社会的人类生活风貌。各种旧石器时代的石器展现出当时生活在这里的古人类的心灵手巧。而各种早期文明的陶器更是展示出了人类文明的快速发展。

在大庆博物馆，我最大的感受就是两个字：震撼。看着这波澜壮阔的第四纪自然历史，心情自然无比激动。

小提示：大庆博物馆的镇馆之宝——两头巨大的猛犸象骨架就在二楼展厅。这两副骨架出土于黑龙江省，完整度都在 80% 左右，是中国国内最大最完整的猛犸象化石。

南京古生物博物馆

地址：江苏省南京市玄武区北京东路 39 号

开馆时间：周六、周日及节假日 9:00—17:00

（注意是休息的时候才能参观哟）

门票：成人票 20 元，学生票 10 元

电话及网址：025-83282253

http://www.nmp.ac.cn/

离开北方到南方,这次我博乐乐的目的地是能和北京的中国古动物馆相比肩的南京古生物博物馆。这里的精彩程度绝对不会让人失望,我都等不及啦!

一层展出的便是此次探寻远古之旅的重点之一——澄江动物群。澄江动物群是我国古生物领域的骄傲,是一座极其珍贵的化石宝库。多年以来,寒武纪生命大爆发的谜题牵动着全世界古生物学家们的心,数不清的学者都在为这个谜题废寝忘食地奋斗着。而澄江动物群的发现,为寒武纪生命大爆发的相关研究提供了极其珍贵的材料和证据,被誉为20世纪最惊人的发现之一。

小提示：南京古生物博物馆藏品丰富、精美,其中"澄江动物群"和包括"中华龙鸟"在内的"热河生物群"堪称国宝级的化石精品。博物馆展览讲述了地球和生命演化的历史,内容包括1个"生命的进化"主题展和14个专题展。

小提示： 澄江动物群位于今天的云南省东部，是一组生活在 5.2 亿年前的寒武纪早期的动物群，经过古生物学家不懈地发掘和研究，一共有 120 多种动物化石从这里出土，是不折不扣的史前动物乐园。

小提示： 除了澄江动物群，一楼的展区还有展示地球历史的"我从哪里来"，讲述南京这片土地历史变迁的"南京地史"和"南京直立人"，还有"山旺动物群""热河生物群""关岭生物群"等和澄江动物群齐名的中国著名古生物群的展示。

恐龙是我最感兴趣的古生物了，听说它们的灭绝和陨石撞击地球有关，是不是呢？我要去"恐龙天地"寻找答案。

咦，"恐龙天地"展区被分成了两层！通往二层的楼梯两旁复原了南京地区的地层，时间从距今 7 亿多年的"元古代"一直跨越到距今 2 亿年前的中生代。这组展品名叫"上山之路"，真形象！走在"上山之路"上，宛如在时光隧道中穿梭。

　　通过"上山之路"，就来到了二层的前寒武纪展区。这里有举世瞩目的埃迪卡拉动物群以及著名的中国前寒武纪生物群——翁安生物群，展示了寒武纪生命大爆发之前那段决定性的历史时刻。

　　古生代展区同样内容丰富，包含了"生物登陆""二叠纪生物大灭绝"等对地球历史有决定性影响的重大历史事件，正是这些历史事件的发生，使得生物界逐渐演变为现今的格局。

　　生命的演化竟然是这么的壮阔与神奇，南京古生物博物馆里值得探寻的东西太多了，下次再来！

恐龙蛋
Dinosaur Egg
河南，晚白垩世（距今约千万年）

辽宁古生物博物馆

地址:辽宁省沈阳市皇姑区黄河北大街 253 号

开馆时间:周二至周日 9:30—16:00

周一闭馆(除国家法定节假日)

门票:至少提前一天预约免费参观票

（这里每天只接待 3000 人,预约可要抓紧哟）

电话及网址:024-86591170

http://www.pmol.org.cn

小提示:辽宁古生物博物馆坐落在沈阳师范大学校园里,是辽宁省国土资源厅和沈阳师范大学共建的、我国迄今为止规模最大的古生物博物馆。

今年春节，在沈阳师范大学读书的哥哥邀请我来沈阳过年，顺便带我去参观辽宁古生物博物馆。作为超级古生物迷，我当然要去！

小提示：辽宁古生物博物馆的建筑外形是一个庞大的地质体和一个巨型恐龙的巧妙融合——断层将地质体垂直切割，火山熔岩自上而下奔泻流淌，象征辽宁 30 多亿年地质历史的长河；南侧的拱形建筑代表巨大恐龙的身躯；中间的钢架代表恐龙脊柱,两侧是恐龙的肋骨,而球体是恐龙蛋。

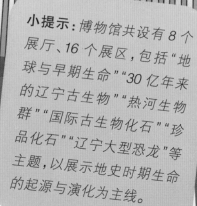

小提示：博物馆共设有 8 个展厅、16 个展区，包括"地球与早期生命""30 亿年来的辽宁古生物""热河生物群""国际古生物化石""珍品化石""辽宁大型恐龙"等主题，以展示地史时期生命的起源与演化为主线。

哥哥带我先来到了第 3 厅——"30 亿年来的辽宁古生物"，这里有辽宁的"十大古生物化石群"，其中距今约 30 亿年的"鞍山群早期生命"、中生代"燕辽生物群"、"热河生物群"以及"辽宁的古人类"是四大亮点。展厅中琳琅满目的展览带我们走进时光隧道，在轻松漫步之中便纵览了辽宁的 30 亿年历史，真是不可思议。

来之前我做了功课，知道了辽宁古生物博物馆最精彩的展览是热河生物群展厅。

这个展厅中的"恐龙王国"展示了 1 亿多年前生活在辽宁的形形色色的恐龙；"古鸟世界"告诉我们鸟类以及飞行的起源，让我们在探索鸟类这一神奇物种的由来中兴奋不已；在"花的摇篮"中，我们惊喜地发现，热河生物群包揽了全世界最早出现的"四朵花"的纪录。

这个展厅真是让我们大呼过瘾！

热河生物群可是辽宁的骄傲，这个有"古生物的庞贝城"之称的化石圣地非常完好地保存了大量极具科研和观赏价值的动植物化石，是世界古生物领域的一大奇迹。

小提示：博物馆中有四大明星化石："世界最早的带毛恐龙"赫氏近鸟龙、"会滑行的蜥蜴"赵氏翔龙、为揭示鸟类可动性头骨的早期演化和早期鸟类的树栖能力演化研究做出了贡献的沈师鸟和"迄今为止世界最早的花"辽宁古果。

　　天黑了，时间过得好快啊，还有好多精彩内容没来得及体验呢，比如展示了来自全世界十多个国家的精美化石的"国际古生物化石"，还有能亲自参与的"互动科普厅""恐龙剧场"……不过没关系，可以让哥哥寄纪念品给我！

　　化石们有的静静躺在展柜中，有的矗立在展厅里，向我们讲述着这个家园的历史变迁，告诉我们地球生命的整个发展历程，也让我们体会到生命的脆弱和可贵。这些展览和陈列，都是中国古生物界无数学者辛勤劳动的成果。

　　寒假结束了，我的古生物之旅还意犹未尽，还有很多好看的博物馆没有来得及参观，比如在云南的世界恐龙谷，下个假期，旅行继续！

171

编后记

难忘的旅程

　　《四海遗珍的中国梦》《阅读最美的建筑》……一本本图文并茂的"博物馆里的中国"付梓,心里有喜悦、激动,更有诸多的期待和祝福,希望每个读到这套书的读者,都能和我们一样,发现博物馆的美好,爱上这个珍藏着人类文明记忆的地方。回首从确立选题到图书出版的一千个日日夜夜,有许许多多的记忆片段闪现在脑海。

　　2012年,编辑有幸结识了中央民族大学博物馆学、人类学教授潘守永先生,进而走近了"四月公益"——一个由众多年轻人参与组织的博物馆志愿者协会,认识了连续11年为孩子做义务讲解的"朋朋哥哥"……在一次次交谈中,我们被潘教授以及他的专家团队、被孩子们口中的朋朋哥哥和他的"草根团队"对博物馆的热爱所感动,对当下博物馆减免门票、开始走进大众生活展开讨论,从而萌生了编写和出版一套专门给青少年读者阅读的博物馆类图书的想法,告诉他们博物馆里有知识,有文化,有过去、现在和未来,博物馆里有一个丰富绚烂、多姿多彩的中国。

　　中国已经有了超过4000家各类博物馆和数以亿计的藏品,如何从浩如烟海的藏品中选择出最具历史文化价值的藏品,同时用既能体现藏品背后的文化底蕴、科学知识,又能为孩子所喜欢的形式展现出来?如何保证图书的前沿性、专业性、权威性、传承性和趣味性?由此,编辑踏上了一段虽辛苦却乐在其中的旅程。

●博物馆之旅有他们同行，我们走得更坚实。

我们实地走访、电话拜访了全国 80 多家重点博物馆，面见约谈了 30 位以上博物馆专业的专家、学者和博物馆爱好者，并召开 10 次以上大中小型讨论会，确立了由 2 位主编、8 位编委、20 位作者组成的创作团队。其中有省级重点博物馆相关部门负责人，有博物馆学教授，有博物馆相关研究领域专家，还有中国国家博物馆、首都博物馆、中华世纪坛世界艺术馆义务讲解员等，他们的背后还有多位大学教授、专家学者，以及中国科学院院士的学术支持。

●旅途中，时常会有惊喜闪现。

走访博物馆时，年轻却无比敬业、专门给孩子进行讲解的讲解员给每一块矿石找到"萌点"，将高深的知识转化为生动的语言，这位可爱的讲解员哥哥，最后被我们吸收进了创作团队；召开编委会时，主编为了启发作者的思路，讲述无数藏品背后的小故事：马王堆出土的帛书是由博物馆的老师傅经过 3 个月的悉心修复才得以呈现它的本来面目，而三星堆的权杖更是经过了长达半年的处理才重现原貌……

●敬业的编辑团队，让博物馆之旅充满了创意。

开始创作，旅行进入了最精彩的阶段。编辑翻阅了很多博物馆方面的图书，观看和历史、文化有关的电视纪录片，与作者反复沟通，希望在藏品的海洋中选取最具代表性的珍宝，为读者呈现出精华中的精华；审读样稿的过程中反复斟酌，找到最适合孩子的表述方式，并对书中的几千张精美图片、几百幅卡通插图，一一写出文字建议。细心的读者可以发现，这部丛书每一页的版式设计、文字、照片、插图都经过精心设计和巧妙构思。我们力求让文字和插图"活起来"，让藏品如一个个精灵般站在读者面前，把自己的故事讲给读者听。

●"创新"是这段旅程中的关键词,它几乎无处不在。

　　这套书摒弃了以馆划分的传统,以更为灵活、富有趣味性的"主题"分册;介绍藏品时,完全以故事的形式进行呈现,彰显了中国五千年文明的奕奕神采;为全面展示中华悠久文明,我们将流落海外且数量巨大的中国文物收入一册;此外,每册图书后均加入了"博物馆参观礼仪小贴士""博乐乐带你游博物馆"等互动环节,让孩子们读过此书,在真正走进博物馆时,随身所带的不仅仅是一双发现的眼睛,更怀有一颗对历史、文化、艺术的尊重之心。

　　这一次"博物馆里的中国"之旅,我们遇见了 600 余件藏品,分布于国内外近 150 家博物馆。这些藏品或在中国历史上具有震代的作用,或在海内外具有极高的知名度,或能体现中华民族传统文化精髓,或能展示中国从古到今的科技成就⋯⋯由于图书篇幅所限,我们对博物馆内的藏品必须有所取舍,无法面面俱到,但窥一斑而知全豹,中国古往今来的发展历程,丰富灿烂的文化传承,在这套书里还是得到了非常真切的展现。那些更多的图书之外的藏品和故事,等待着读者们亲自走进博物馆去发现!

　　"博物馆里的中国"跨越历史,把流金岁月里经时间长河洗礼而愈加熠熠生辉、异彩纷呈的文化呈现在读者面前。如果亲爱的读者在放下本书后,能够真切地感受到中华文化的博大与美好,萌生去探寻博物馆里的中国的好奇之心,从而走进博物馆、爱上博物馆,便是本丛书编写队伍所有参与者最大的快乐。

编者

2015 年 8 月

◆本书特别鸣谢

王　原
中国科学院古脊椎动物与古人类研究所研究员
中国古动物馆馆长

王世骐
中国科学院古脊椎动物与古人类研究所副研究员

邓　涛
中国科学院古脊椎动物与古人类研究所副所长

卢　静
中国科学院古脊椎动物与古人类研究所助理研究员

叶法丞
南京古生物博物馆展教主管

冯伟民
南京古生物博物馆馆长

刘　迪
北京自然博物馆助理研究员

刘　俊
中国科学院古脊椎动物与古人类研究所研究员

刘庆国
中国科学院古脊椎动物与古人类研究所科技处业务主管

刘金毅
中国科学院古脊椎动物与古人类研究所标本馆馆长

孙　革
沈阳师范大学古生物学院院长
辽宁古生物博物馆馆长

李　淳
中国科学院古脊椎动物与古人类研究所研究员

张凤礼
大庆博物馆馆长

张玉光

北京自然博物馆研究员

纵瑞文

中国地质大学（武汉）博士生

侯福志

天津国土局地热处处长

耿丙河

中国古动物馆馆员

徐世球

中国地质大学图书馆馆长

徐洪河

中国科学院南京地质古生物研究所化石网主管

高克勤

北京大学地球与空间科学学院教授

董丽萍

中国科学院古脊椎动物与古人类研究所博士生

蒋顺兴

中国科学院古脊椎动物与古人类研究所助理研究员

程　心

巴西里约联邦大学／国家博物馆地质系古脊椎动物
系统发育实验室博士后

程晓东

大连自然博物馆副研究员

舒德干

西北大学早期生命研究所所长
中国科学院院士

童光辉

湖南地质博物馆助理研究员

（按姓氏笔画排序）

176